刘雅培　编著

U0230168

公共空间室内设计

清华大学出版社
北京

内 容 简 介

本书根据高等院校专业教学标准的要求,将公共空间室内设计所要求掌握的基础理论与实践案例工程紧密结合。全书共七章,包括设计基础、设计专题、设计流程三个部分。设计基础部分详细介绍公共空间设计必须掌握的知识要点;设计专题部分主要介绍办公空间设计、专卖店设计、餐饮空间设计、售楼部设计、酒店和民宿设计;设计流程部分介绍公共空间室内设计流程与界面装饰装修构造。

本书理论部分紧密结合设计案例进行讲解,条理清晰。本书可作为应用型本科、高职高专、成人教育、函授教育、网络教育及专业培训等艺术设计类专业学生的教材,也可为艺术设计工作者提供帮助。

图书在版编目(CIP)数据

公共空间室内设计/刘雅培编著.—北京:清华大学出版社,2022.7(2025.1重印)
ISBN 978-7-302-61120-2

Ⅰ. ①公… Ⅱ. ①刘… Ⅲ. ①公共建筑—室内装饰设计—教材 Ⅳ. ①TU242

中国版本图书馆 CIP 数据核字(2022)第 104331 号

责任编辑:张龙卿
封面设计:徐日强
责任校对:李 梅
责任印制:杨 艳

出版发行:清华大学出版社
     网 址:https://www.tup.com.cn,https://www.wqxuetang.com
     地 址:北京清华大学学研大厦 A 座 邮 编:100084
     社 总 机:010-83470000 邮 购:010-62786544
     投稿与读者服务:010-62776969,c-service@tup.tsinghua.edu.cn
     质量反馈:010-62772015,zhiliang@tup.tsinghua.edu.cn
     课件下载:https://www.tup.com.cn,010-83470410
印 装 者:三河市铭诚印务有限公司
经 销:全国新华书店
开 本:210mm×285mm 印 张:9.5 字 数:274 千字
版 次:2022 年 7 月第 1 版 印 次:2025 年 1 月第 6 次印刷
定 价:69.00 元

产品编号:095126-01

前　言

当今社会,推进文化创意和设计服务是国家发展的需要。应用型本科教育与高等职业教育培养的是服务于一线的"职业设计师",所以要求我们针对设计行业各个岗位对人才的要求建设课程内容。因此,构建符合当前应用型高等教育学科体系的教材,以职业能力培养为核心,注重创新能力的培养,强化实践操作技能,是本书关注的重点。

"公共空间"是大众的公共场所,以"人"为中心,依据人的社会功能需求、审美需求设立空间主题创意,具有开放性、公开性、公众参与性等特点,公共空间的设计是城市文化建设发展的重点。本书根据目前国内公共空间室内设计的发展趋势,深入市场研究,细致分析了装饰企业对人才综合素质与能力的要求,立足于人性化、智能化和多元化的现代设计理念,结合目前流行的技术和工艺特点,辅以大量翔实、生动的案例,以满足当前各高校培养应用型人才的教育要求。

本书共分为七章,以项目为主线,将理论知识项目化、实践化。第一章介绍公共空间室内设计基础知识,主要了解公共空间的概念、室内组织与界面设计、室内空间的类型、空间色彩设计、装饰与施工材料、室内采光与照明、室内艺术风格、室内设计流派;第二章至第六章介绍公共空间设计项目,以办公空间、专卖店、餐饮空间、售楼部、酒店民宿项目为重点,分别介绍了每个项目的具体设计细节,并结合真题案例进行理论分析;第七章介绍公共空间设计流程与界面装饰装修构造,加强学生对项目设计与施工的了解。通过本书的学习,学生可以融会贯通地应用专业基础知识完成真题实践项目。

由于编者水平有限,书中难免存在不足之处,敬请广大读者和业内外人士提出宝贵意见及建议,以便进一步改正与完善!

编　者
2022 年 1 月

目　录

公共空间室内设计

第 一 章
公共空间室内设计基础

核心内容：了解公共空间室内设计的概念、设计原则、空间组织与界面处理、空间的类型、色彩设计、装饰与施工材料、照明设计、设计风格等基础知识。

学习目的：通过对公共空间室内设计基础知识的了解，形成对公共空间室内设计的初步认识。

第一节　公共空间室内设计概述

一、公共空间室内设计概念

公共空间室内设计是集地域文化、人为活动、环境因素、建筑构造、色彩、材质、工艺、风格于一体的艺术学科，它不仅要满足个人的需求，同时还应满足人与人的交往及其对环境的各种要求。它是为人们的生活、办公、休闲、娱乐、交往等社会活动创造的有组织的空间，需要运用一定的建造技术，根据对象所处的特定环境，对内部建筑构造及外部环境进行理性的规划设计，从而形成安全、舒适、人性化的环境空间。

公共空间室内设计包括办公空间、餐饮空间、酒店民宿、娱乐空间、文教空间、展览空间及其他各类商业空间。公共空间室内设计的目的是从适用和经济的原则出发，提高室内的环境质量，并运用现代科学技术及手段，创造出高品质的理想空间，满足人们使用功能的需求。其设计要素包括功能区域的界定、界面处理、色彩、材料、采光与照明、陈设品、设施设备（水、电、消防、暖通空调）等，因此涉及建筑学、

结构工程学、建筑物理学、材料学、社会学、人体工程学、环境心理学等相关知识的应用。

二、现代公共空间室内设计的内容及原则

（一）公共空间室内设计内容

公共空间室内设计需要在建筑设计的基础上解决空间与空间的衔接、过渡、对比、统一等问题，达到建筑内部空间环境合理的布局与安排。公共空间设计的内容包含建筑室内自身的构造，如吊顶、地面、墙面、梁、柱、门窗，需要结合采光、通风等环境因素综合考虑装修。另外，室内一切固定或活动的家具，如沙发、桌椅、柜体、陈设等，需巧妙利用室内装饰手法对所设计的既定空间进行装饰调整，以便使空间更好地满足使用和观赏的要求。

（二）公共空间设计原则

1. 功能性

19世纪，美国著名雕塑家霍雷肖·格里诺提出"形式追随功能"的口号。美国芝加哥学派的代表人路易斯·沙利文首先将其引入建筑与室内设计领域，认为设计主要追求功能，从而使物品的表现形式随功能而改变。随着这一理念的提出，在设计史上"形式和功能"的问题一直是一个不断被探讨和修正的话题。包豪斯的功能主义理论又将"功能"推到了一个更高的水准，认为"好的功能就是美的形式"。至今，室内设计中"功能性"依然被定义为首

先要考虑的问题。

随着社会的进步，现代科技日新月异，传统的功能已经不能满足人的社交、办公的需求，在室内设计中，可视化、电子屏、现代光电传输技术、现代屏幕映像技术、现代人工智能技术、液晶触摸查询装置等科技产品与设施设备正不断满足当前便捷、舒适、智能化的生活需求。如聚象科技设计制作的 VR、AR 博物馆展厅，在展示方式上采用沉浸式虚拟现实技术，全面造景、加大景深，嵌入式布展、互动式体验，全息投影表现的展陈方式，为顾客获取资料信息提供了便捷的途径，此类设计非常适用于售楼中心、产品展示等公共展示空间（图 1-1 和图 1-2）。

图 1-1　聚象科技线上 VR 智慧互动展厅（1）

图 1-2　聚象科技线上 VR 智慧互动展厅（2）

2．人性化

现代公共空间的室内设计更重视现代人的心理和生理感受，例如，商场设置的休闲座椅、免费饮水机；图书馆、售楼部划分出儿童娱乐区、亲子区；餐饮空间的座位墙面上安装了手机、iPad 等电子产品的充电设备、提供免费 Wi-Fi 服务；办公空间设置了茶水间、午休室、休闲区等，这些都体现了现代公共空间设计的人性化服务（图 1-3 和图 1-4）。

图 1-3　互联网公司 GURU 的办公空间茶水间设计

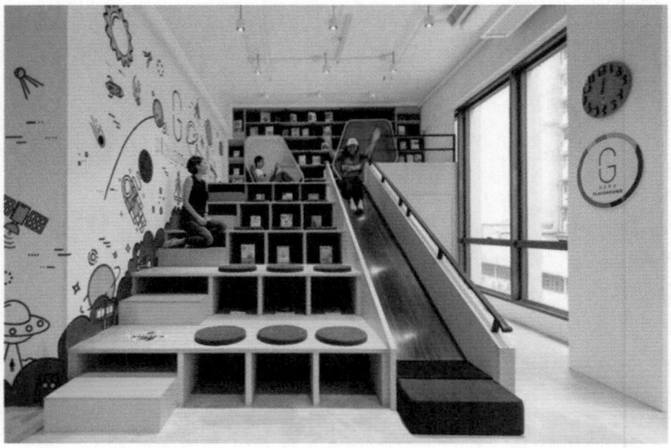

图 1-4　互联网公司 GURU 的办公空间休闲娱乐区设计

3．地域性

20 世纪 90 年代初期，我国出现了模仿西方欧式风格的室内设计热潮，缺少本土化的创新。随着传统文化的复兴，挖掘具有地方特色的民族文化成为设计的重点，这需要提炼传统的建筑元素，合理布局室内空间，精简传统装饰陈设。如图 1-5 所示，武汉理工大学南湖校区的图书馆主入口，通过对传统斗拱、框架的拆分和重组，以钢结构形式演绎传统木结构的形态，使历史底蕴在新建筑上得以延续和传承。如图 1-6 所示，民宿客房的设计是依据中式传统民居结构进行内空间的改造，客房应用开敞式的设计手法，形成室内功能区的共享，融自然景观与人文特色于一体。

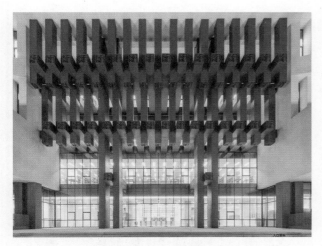

🔆 图1-5　武汉理工大学南湖校区图书馆立面

🔆 图1-6　云南大理洱海金梭岛民宿客房设计

4. 艺术性

建筑大师赖特曾这样定义"空间"："真正的建筑并非为四面墙,而是存在于里面的空间,那个真正住用的空间。"空间的艺术性能体现的内容较多,包含室内空间与室外景观的融合、室内功能布局、采光通风、色彩与材料的搭配应用、陈设布局等,这些都需要艺术化的处理。

5. 环保性

我国在经过工业化、都市化建设的发展大环境下,出现了温室效应、光污染、建材污染、能源短缺等环境问题。应用绿色生态建材对室内环境起到至关重要的作用,它直接影响人们生活的安全、卫生、效率与舒适度。因此,室内空间环境的空气流通、材料的选择、减耗节能等方面都应被周密考虑。

第二节　公共空间室内组织与界面设计

一、室内空间的组织

室内空间应当结合建筑功能要求进行整体的筹划,从整体到分隔的单体空间进行有序列地组织,形成室内空间与陈设的有机联系,在功能与美学上达到协调与统一。室内空间的组合形式有多种,常见的有轴线对称式、集中组合式、辐射式。

1. 轴线对称式

轴线对称式的组合方式是由轴线对空间进行定位,并通过轴线关系将各个空间有效地组织起来,每个空间也可以有自己的轴线,依据轴线来摆放家具陈设,这样可以起到有序引导的作用,使室内空间关系清晰有序。此外,一个室内空间中的轴线可以有一条或多条,多条轴线应有主次之分。

2. 集中组合式

集中组合式布局通常是一种稳定性的向心式构图,它由一定数量的家具陈设围绕一个占主导地位的中心空间构成,处于中心主导的空间一般为相对规则的形状。

3. 辐射式

辐射式的空间组合方式兼有集中式和分散式的特征,它由一个中心空间和若干呈辐射状扩展的串联家居物体组合而成,辐射式组合空间通过现行的分支向外伸展。

二、空间设计手法

室内空间设计需要依据空间的功能划分,首先定位整体风格、色彩搭配与家具陈设的样式,再对每个功能区域中的吊顶、墙面、地面进行装修与装饰设计。设计构思过程中需将软装与硬装相互结合,应用分隔、过渡、渗透、对比等设计手法布局空间。

1. 空间的分隔

室内空间的组合是根据不同使用功能,对空间在垂直与水平方向上进行各种各样的分隔与联系,为人们提供良好的空间环境,满足不同的活动需要,良好的分隔对整个空间设计效果有着重要的意义。

空间的分隔方式具体有以下几种。

（1）绝对分隔。绝对分隔即承重墙或轻质隔断墙分隔空间。这种分隔限定度高,分隔界限明确,封闭性强,与外界缺乏交流。

（2）局部分隔。局部分隔常见于传统的设计布局中,可利用屏风、门洞、较高的柜子等家具阻隔空间,但又不是完全封闭,让空间达到透光、透气的效果（图1-7）。

🔼 图1-7 上海 Assemble by Reel 概念零售店

（3）象征分隔。象征分隔是在空间立面上采用玻璃、绿化、色彩、材质、高差、悬垂物等分隔空间,在空间划分上体现隔而不断的效果,对空间的限定程度较低,空间界面模糊,具有象征性分隔的心理作用（图1-8）。

（4）弹性分隔。弹性分隔是利用折叠式、升降式的隔断或者帘幕分隔空间,通常根据使用的要求关闭或移动,空间也随之可分可合、可大可小、自由舒张。

（5）虚拟分隔。虚拟分隔是在同一个空间利用家具的摆放、地板铺设不同的材质或者吊顶独立设计的样式而形成虚拟空间。这种设计手法通常适用于开敞式的设计格局中。

🔼 图1-8 玻璃隔断的办公空间（CHINT 集团温州办公楼/优鸿设计）

2. 空间的过渡

空间的过渡作为一种艺术设计手法,能起到空间的引导作用,使人不经意间沿着一定的方向或路线从一个空间依次进入另一个空间,空间处理显得含蓄、自然、巧妙,大大丰富了空间的趣味性。常见的空间引导和暗示手法是借助楼梯、踏步或利用空间界面的处理产生一定的导向性。

3. 空间的渗透

空间通透、开敞,会使其具有流动感,彼此相互渗透,大大增加了空间的层次感。空间的渗透体现在内外空间上。空间的渗透设计方法可以利用透空的隔断分隔空间或利用玻璃、织物等半透明材料分隔空间。

4. 空间的对比

两个毗连的空间,在形式方面处理手法不同,将使人产生情绪上的变化,从而获得兴奋的感觉。在建筑空间设计中巧妙地利用功能的特点,把形状、体量、方向等方面差异显著的空间连接在一起,将会因对比产生一定的空间效果。

三、室内界面的表达形式

对于室内界面的设计,既有功能和技术方面的要求,又有造型和美观上的要求。由材料实体构成的界面,在设计时需要重点考虑造型、色彩图案、装饰材料这三个方面。

1. 室内界面的造型

室内界面的造型是以吊顶层、结构构件、承重墙、柱等为依托,设计时以结构体系构成轮廓,形成平面、拱形、折面等不同形状的界面;也可以根据室内使用功能对空间形状的需要,脱离结构层另行考虑。如吊顶可以结合各类造型、不同款式的灯具来丰富空间感,以古典式吊顶为例,设计手法以穹顶式、藻井式最为常见;以现代式吊顶为例,常用的造型设计形式有走道式、曲面自由式、人字形、辐射式、井格式、木构架式、拱形式、对称式等(图1-9~图1-16)。

⊕ 图1-9　走道式吊顶(金地广州仰云销售厅)

⊕ 图1-10　曲面吊顶设计(靳刘高设计)

⊕ 图1-11　人字形吊顶(泊度品牌度假酒店餐厅)

2. 室内界面的色彩图案

室内界面的色彩图案必须从属于室内环境整体气氛要求,起到烘托、加强室内装饰效果的作用。在公共空间中,除了娱乐场所外的其他室内空间尽量选择低饱和度的色彩外,装饰的图案可采用几何纹、植物花卉、动物元素、城市景观等题材。

⬆ 图 1-12　辐射式吊顶（海南石梅湾威斯汀度假
　　　酒店客房）

⬆ 图 1-14　木构架式吊顶（太原黄冠假日酒店会
　　　客厅 /YANG 设计集团）

⬆ 图 1-13　井格式吊顶（深圳柏悦医疗美容会所）

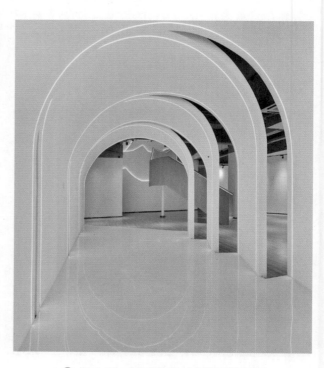

⬆ 图 1-15　拱形吊顶（森蓝环保上海
　　　有限公司）

图 1-16　对称式吊顶（安缦伊沐温泉度假村餐饮空间 /Kerry Hill 设计）

图 1-18　硬包装饰床头背景墙（深圳马哥孛罗好日子酒店）

3. 室内界面装饰材料的选用

室内装饰材料的选用直接影响到室内设计的实用性、经济性、美观性。设计师应熟悉材料质地、性能特点，了解材料的价格和施工操作工艺要求，善于运用先进的施工技术，为实现设计构思创造坚实的基础。室内界面装饰材料按照质地，大致可以分为天然材料和工业化材料。天然材料有木、竹、藤、麻、石等，这些材料给人亲切感；工业化材料有涂料、壁纸、玻璃、金属、石膏、瓷砖、皮革及各类板材等。合理地应用材料是设计与处理界面的关键，如吊顶常采用木材、石膏板、吸音板、铝塑板等；墙面常采用壁纸、软包、硬包、木饰面板、玻璃镜面、涂料等（图 1-17 ~ 图 1-20）；地面常采用砖材、石材、木材、地毯等。

图 1-19　壁纸墙面（吉隆坡四季酒店餐厅）

图 1-17　乳胶漆墙面（海南石梅湾威斯汀度假酒店客房）

图 1-20　木装饰面板墙面（上海养云安缦酒店客房 / Kerry Hill 设计）

界面装饰材料的选用原则包括以下5点。

（1）适应使用空间的功能性质。对于不同功能的室内空间，需要采用相应类别的界面装饰材料烘托室内的环境氛围。例如，咖啡厅、茶餐厅需要营造宁静、雅致、轻松的环境氛围，装修材料可选择舒适度佳、低饱和度色彩的艺术墙漆、壁纸、木饰面等；商场、娱乐场所需要营造热闹、愉悦的气氛，界面可选用色彩亮丽，具有一定光泽度的材料。

（2）巧于用材。界面装饰材料的选用，还应注意"优材精用、废材新用"的设计思路。装饰标准有高低，即使高标准的室内装饰，也不应是高贵材料的堆砌。

（3）材料质量好。材料需具有环保、防火、防潮、隔热、保暖、隔音、耐久性等特点。

（4）材料易于制作。材料易于安装和施工，符合装饰性、美观性、经济性的要求。其中，地面应当耐磨、防滑、易清洁、防静电；墙面、隔断应当符合遮景借景等视觉效果；吊顶应满足质轻、光反射效果等要求。

（5）符合时代的发展。装饰材料的发展日新月异，这要求室内设计师在熟悉各种传统装饰材料的基础上，了解各种新型材料的特点和用途，并应用于设计之中。

第三节　室内空间的类型

1. 结构空间

结构空间是通过对外暴露界面中的管道、线路等设施设备，展现建造的技艺。结构空间的设计效果具有现代感、力度感、科技感，常见于工业风格的设计中（图1-21）。

⊕ 图 1-21　结构空间（无限创意科技办公空间设计）

2．开敞与封闭空间

开敞空间是流动的、渗透的，它可提供更多的室内外景观与视野；另外，开敞空间灵活性较大，便于灵活变更室内的布置。开敞的程度取决于有无侧界面、围合程度、开洞的大小。开敞空间的特点还体现在其具有外向性，私密性较小，强调与周围环境的交流与渗透，设计手法上可采用对景、借景的方式，达到与周围环境景观的融合。

封闭空间是用限定性比较高的围护实体，如承重墙、轻体隔墙等围合，无论是视觉、听觉等感受都有很强的隔离性，具有领域感、安全感和私密性，其性格是内向的、拒绝性的。封闭空间更容易布置家具，但空间变化受到限制，可应用高明度的色彩、灯光、窗户、镜面、细腻的材质来增强空间层次感。

3．虚拟与虚幻空间

虚拟空间是指没有十分完备的隔离形态，也缺乏较强的限定度，只靠部分形体启示，依靠联想和"视觉完形性"来划定空间，所以又称为"心理空间"。这是一种可以简化装修而获得理想空间感的设计手法，它往往处于子空间中，与母空间流通而具有一定的独立性和领域感，设计师可以借助各种隔断、家具陈设、绿化、照明、色彩、界面材质、吊顶造型、结构等因素进行虚拟分隔设计（图1-22）。

🔺 图1-22　虚拟空间（奇客巴士支付宝旗舰店／零壹城市建筑事务所设计）

虚幻空间是利用不同角度的镜面玻璃的折射及室内镜面反映的虚像，把人们的视线转向由镜面所形成的虚幻空间。在虚幻空间中可以产生空间扩大的视觉效果。有时通过几个镜面的折射，把原来平面的物体造成立体空间的幻觉，还可以把紧靠镜面的不完整物件形成完整物件的假象（图1-23）。

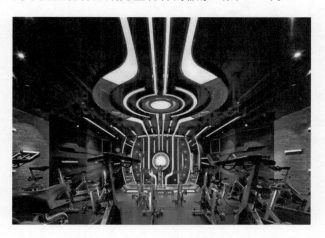

🔺 图1-23　虚幻空间（欣悦荟健身深圳龙岗店／深圳厚承装饰设计）

4．地台与下沉空间

地台是指室内地面局部抬高，抬高地面的边缘划分出的空间称为"地台空间"。由于地面升高形成一个台座，在和周围空间的对比下变得十分醒目突出，具有一定的展示功能（图1-24）。

🔺 图1-24　地台空间（新华书店／安腾忠雄作品）

下沉空间是指室内地面局部下沉，限定出的一个范围比较明确的空间。下沉空间有较强的维护感，在高差的边界处可布置座位、绿化、围栏等陈设物,也可利用降低的台下空间储存物品、通风换气(图1-25)。

⊕ 图1-25 下沉空间（无界办公室设计）

5. 动态与静态空间

动态空间可引导人们从"动"的角度观察周围事物,它以机械化、电气化、自动化的设备,如电梯、自动扶梯等,加上人的各种活动,形成丰富的动势。还可以利用对比强烈的图案和有动感的线形起到一定的引导作用,如光怪陆离的光影,音乐结合灯光的强弱表现,水景、花木乃至禽鸟。

静态空间的限定度较强,多为对称,趋于封闭型,私密性较强。空间中视线转换平和,无强制性引导视线的因素。

6. 凹入与凸出空间

凹入空间是在室内某一墙面或角落局部凹入的空间。通常只有一面或两面开敞,所以受干扰较少,其领域感与私密性随凹入的深度而加强,可作为休憩、交谈、进餐等室内空间的功能应用。

外凸式空间的外墙有较大的窗洞,形成视野开阔的格局,能将室外景观元素引入室内,如挑阳台、阳光房等。

7. 悬浮空间

悬浮空间是室内空间在垂直方向的划分,采用悬吊结构,上层空间的底界面不是靠墙或柱子支撑,而是依靠吊竿支撑,颇有一种"漂浮"之感,具有通

透、自由、灵活的特点（图1-26）。

⊕ 图1-26 悬浮空间（frank havermans 工作室设计）

8. 交错空间

交错空间是利用两个相互穿插、叠合的空间所形成。在交错空间中,人们上下活动俯仰相望,静中有动,便于组织和疏散人流,不但丰富了室内景观,也给室内空间增添了生机并活跃了气氛（图1-27）。

⊕ 图1-27 交错空间（比尔发艺 / 杭州屹展室内设计）

9. 子母空间

子母空间是对空间的二次限定,是在原空间中用实体性或象征性的手法限定出的小空间,将封闭与开敞相结合。子母空间的设计手法在许多空间设计中被广泛采用。通过将大空间划分成不同的小区域,增强亲切感和私密感,更好地满足人们的心理需求。这种空间强调了共性中突出个性的空间处理手法,具有

一定的领域感和私密性。大空间相互沟通,闹中取静,较好地满足了群体和个体的需要(图1-28)。

⊕ 图1-28　子母空间(成都SOHO创意平台办公空间/叠术建筑设计)

10．共享空间

共享空间是一种综合性的、多用途的灵活空间。其特点是空间较为通透,满足了"人看人"的心理需要。它往往处于大型公共空间内的公共活动中心和交通枢纽,含有多种多样的空间要素和设施,其空间处理是小中有大、大中有小、外中有内、内中有外,相互穿插交错,极富流动性(图1-29)。

⊕ 图1-29　共享空间(锦江之星全新"优选服务酒店"共享空间一隅)

11．流动空间

流动空间是把空间作为一种积极生动的力量存在,常应用流畅而富有动态感引导的线形设计,形成一种开敞的、流动性极强的空间形式(图1-30)。在流动空间设计中,尽量避免孤立静止的体量组合,而要追求连续的运动空间感。空间在水平和垂直方向都采用象征性的分隔,而保持最大限度的交融和连续。

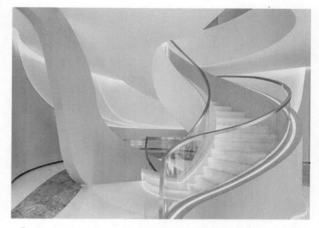

⊕ 图1-30　流动空间(温州永嘉世贸中心/PAL设计)

12．迷幻空间

迷幻空间的特色是追求神秘、幽深、新奇、动荡、光怪陆离、变幻莫测、超现实般的戏剧效果。在空间造型上,有时甚至不惜牺牲实用性,而利用扭曲、断裂、倒置、错位等手法将家具和陈设布置得奇形怪状;在色彩上突出浓艳,图案上注重抽象,常用于娱乐空间、展示空间中(图1-31)。

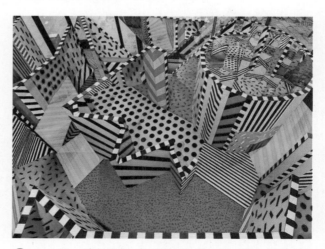

⊕ 图1-31　迷幻空间(幻境神殿/Camille Walala设计)

第四节　室内空间色彩设计

一、色彩的基本概念

色彩来源于光,光照射在物体上,一部分被物体吸收,另一部分被物体反射,还有一部分被透射到物体的另一侧。光作用于人的视觉神经所引起的一种自觉反应,使得我们看见颜色。不同的物体有不同的质地,光线照射、吸收、透射的情况各有不同,因而显示出不同的色彩。

在室内空间中,色彩搭配的好与坏直接影响设计对象的视觉效果。设计师应掌握空间色彩的特点以及常见的搭配形式,以提升空间的设计品质。现今,人们对建筑物功能的要求越来越高,再加上服务对象在民族、性格、文化教育等各方面存在的差异性,决定了在室内色彩设计的实践中也需要根据具体场所、建筑物功能及用户的需求进行室内色彩的搭配。

二、色彩三要素

色相:指色彩所呈现的相貌,如红、黄、蓝、绿等颜色。色彩之所以不同,与光波的长短有关,通常以循环的色相环来表示(图1-32)。

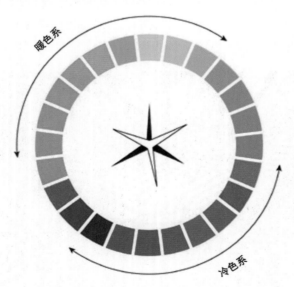

🔒 图1-32　色相环

明度:指色彩的亮暗程度,它取决于光波的波幅,波幅越宽,则亮度越高。

纯度:指色彩的强弱程度,或称为色彩的纯净饱和度,它取决于所含波长具有单一性还是复合性。单一波长的颜色彩度大,色彩鲜明,混入其他波长时彩度降低。在同一色相中,把彩度最高的色称为纯色(图1-33)。

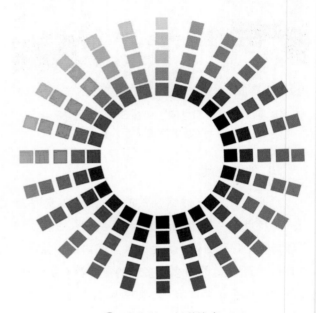

🔒 图1-33　色彩纯度

三、色彩的客观效果和主观效应

一个成功的室内设计,除完成空间界面设计、家具及陈设搭配外,室内的色彩设计也是不可忽视的,必须了解色彩本身的物理效果及带给人的心理效果。

(一) 色彩的物理效果

世界上的物体都是有颜色的,物体的颜色和周围的颜色可能是相互协调或相互排斥,也可能混合反射,这样就会引起视觉的不同感受。这种引起主观感受变化的客观条件称为色彩的物理效果。也就是说,色彩的混色效果可给人们带来物体的形状、体积、距离等方面发生了变化的感觉,这种变化往往对室内设计效果有着直接的影响。

1．色彩的温度感

人们长期在自然环境中生活，对各种客观现象都有一种本能的认识。太阳光照在身上很暖和，所以人们就认为凡是和阳光接近的颜色都能带给人温暖的感觉，并把红、橙、黄一类的颜色称为暖色系；当人们看到冰雪、海水、月光等，就有一种寒冷或凉爽的感觉，所以将白、蓝一类的颜色称为冷色系。

色彩的温度感与明度有关，含白越高的颜色越具有凉爽感。色彩的温度感与色彩的纯度也有关，在暖色系中，纯度越高越暖；在冷色系中，纯度越高越冷。在室内设计中正确地运用色温的变化，可准确地营造出特定气氛的空间效果，还可以弥补空间设计朝向不佳的缺陷。

2．色彩的重量感

色彩的重量感主要是由色彩的明度决定。明度及纯度越高的色彩显得越轻，明度越低的色彩显得越重。所以人们常把色彩分为轻色和重色，轻色给人一种明快感，重色给人以稳重感。室内空间的界面从上到下的色序一般是按照由浅到深的顺序设计，即由轻色到重色，这样就能给人以稳定感。

3．色彩的体量感

色彩的体量感表现为膨胀感和收缩感。色彩的膨胀感和收缩感与色彩的明度有关，明度越高膨胀感越强，明度越低收缩感越强，因此，小的空间可用立体色增加宽阔感，大的空间可用收缩色减少空旷感。

4．色彩的距离感

根据人们对色彩距离的感受，可将色彩分为前进色和后退色，或称为近感色和远感色，这与色彩的温度感有关。前进色是让人们感觉距离缩短的颜色，反之是后退色。暖色基本上可称为前进色，冷色基本上可称为后退色。色彩的前进及后退序列为：红＞黄＞橙＞紫＞绿＞青＞黑。色彩的距离感还与色彩的明度有关，明度高、纯度高的色彩具有前进感，反之有后退感。利用色彩的距离感可改变空间形态的

比例，其效果非常显著。

（二）色彩的心理效果

色彩的心理效果是人对色彩所产生的感情。对同一颜色，不同的人有不同的联想，从而产生不同的感情，所以色彩的心理效果不是绝对的。正因为人们对色彩的喜好有所差异，因此会不断产生色彩的流行趋势，即流行色，这对于室内设计人员来说很重要。如果没有掌握色彩的流行趋势，那么室内设计效果难免差强人意。下面从色彩的色相层面分析说明相应的心理效果。

1．黄色

黄色的明度最高，光感也最强，所以照明光多用黄色，日光及大量的人造光源都倾向于黄色。黄色又是普通的颜色，自然界许多鲜花都是黄色，许多动物的皮毛也是黄色。黄色给人以光明、丰收和喜悦之感（图1-34）。我国古代帝王以黄色象征皇权的崇高和尊贵，并被大量用在建筑、服饰、器物之上，成为皇室的绝对代表色，这样就使黄色在中国人心中有一种威严感和崇高感。

🔶 图 1-34　Adobe 圣荷西新总部办公空间设计

2．橙色

橙色穿透力仅次于红色，它的注目性也较高，同时易造成视觉疲劳。大自然中有许多果实都是橙色，所以它又被称为丰收色，因此，橙色很易使人联想到温暖、明朗、甜美、活跃、成熟和丰美（图1-35）。

⬆ 图1-35　上海中山广场SOHO蓝橙办公室

3．红色

红色的光波最长，穿透力最强，它最易使人产生兴奋、激动或紧张情绪。人的眼睛不适应红光的长时间刺激，容易造成视觉疲劳。因此在室内空间尽量少用，或者是小面积地使用（图1-36）。

⬆ 图1-36　圣彼得堡公寓

4．绿色

当太阳投射到地球上，绿色光占了一半以上。由于人的眼睛对绿色的刺激反应最平静，所以绿色光是最能使眼睛得到休息的颜色。绿色的植物给人带来清新的景致和新鲜的空气，绿色是春天和生命的代表色，它是构成生机勃勃的大自然的总色调。绿色使人很自然地会联想到新生、春天、健康、永恒、和平、安宁和智慧（图1-37）。

⬆ 图1-37　上海崧淀路初中教学楼楼梯空间

5．蓝色

蓝色的光波较短，穿透力弱。蓝光在穿过大气层时大多被折射掉而留在大气层中，使天空呈现出蓝色，所以天蓝色富有空间层次感。海洋由于反射了天空的蓝色，也呈现出蓝色，所以蓝色很容易使人联想到广阔、深沉、悠久、纯洁和理智（图1-38）。

6．紫色

深紫色的光波最短，不导热，也不反光，眼睛对它的知觉度低，分辨率也弱，容易使眼睛感到疲劳。然而明亮的紫色却能使人感到美妙和兴奋，古代祭神、祭天的建筑顶采用紫色以象征高贵，所以应用好紫色可使人感到吉祥、高贵、神秘（图1-39）。

涵，但使用过多会让人感到沉闷；黑色带给人的是坚实、含蓄和肃穆的效果（图1-40～图1-42）。

⚘ 图 1-38 青年众创办公空间（广州简外装饰设计）

⚘ 图 1-39 重庆幔山酒店

7. 中性色

中性色是指白色、灰色、黑色。白色表示纯洁、朴素，也可以使人感到悲哀和冷酷；灰色是百搭的色系，它能中和亮丽的色彩，让人感到朴素、中庸而有内

⚘ 图 1-40 无界办公室设计

⚘ 图 1-41 杭州中海·云宸售楼处

⚘ 图 1-42 成都·Iseya·奇妙夜酒店

色彩引起的心理效果还与不同的历史时期、地理位置以及不同的民族、宗教习惯有关，这是一个更为广泛的知识领域，应多多了解，以便更好地应用色彩美化空间与环境。

四、室内色彩设计的方法

1. 色彩的主辅色调搭配

一个空间一定要有主色调。主色调就是用大面积的颜色决定了空间的色调，约占 60%；与主色调对应的辅助色调就是与主色调相搭配的局部颜色，一般是指界面装饰材料的颜色或者主体家具的颜色，约占 30%；另外是点缀色彩，一般指装饰陈设的色彩，例如花瓶、挂画、盆栽、艺术品等，约占 10%。

2. 色彩的稳定与平衡

室内色彩的稳定与平衡体现在室内界面空间的用色与材料上，色彩序列应是上浅下深。一般吊顶最浅，墙面居中，地面最深。例如，室内的吊顶及墙面一般采用白色、浅色、浅杏色等，踢脚线、地面使用的颜色明度与纯度应低于墙面。

3. 色彩的统一与变化

一般室内应用白色等亮色系作为背景色，家具与装饰陈设品可以搭配不同的色彩作为辅助色或者点缀色，这三者的关系并不是孤立的、固定的。可以选用邻近色的材料、统一的风格使其协调，在统一的基础上又兼具变化。例如，办公空间可以以中性色彩为主，适当搭配活泼跳跃的色彩，起到活跃办公空间气氛的效果。

第五节　公共空间室内装饰与施工材料

室内装饰材料是指用于建筑内部的吊顶、墙面、柱面、地面的界面材料。在室内环境的材料中，其功能性往往是由材料的各种元素结构和物理性决定的。现代室内装饰材料不仅能塑造室内的艺术环境，使人们得到美的享受，同时还兼有隔热、防潮、防火、隔音等多种功能，起着保护建筑物主体结构，延长使用寿命以及满足某些特殊要求的作用。

整个建筑工程中，室内装饰材料占有极其重要的地位。建筑装饰装修材料是集艺术、造型、色彩、美学为一体的材料。合理地应用装饰装修材料对美化人们居住环境和工作环境有着十分重要的作用。从现今社会发展看，新材料的研发和使用正不断地促进着装饰行业的进步。为避免建筑和装饰材料释放的挥发性有机化合物对环境造成污染，绿色、节能、环保建材成为当今装饰业的基本要求。

以下是目前常用的装饰装修材料。

一、木材

木材用于室内设计工程中已有悠久的历史。木材纹理自然、材质轻、强度高，有弹性和韧性，易于加工并可以对其表面进行涂色或刷漆，对电、热和声音有高度的绝缘性。木材的应用较为广泛，可制作座椅、门、床、地板、护墙板、吊顶、楼梯、各种壁柜及界面材料，给人温和的视觉感受。

1. 橡木

橡木具有比较鲜明的山形木纹，质重且硬，触摸表面有着良好的质感，档次较高，是制作室内欧式家具的优质材料。

2. 水曲柳

水曲柳木质粗，纹理直，韧性好，花纹漂亮，有光泽，加工性能好，通常用于制作柜体面板与装饰墙面。

3. 斑马木

斑马木又名乌金木，主要产于亚热带地区，有深浅不一的自然纹理，木质坚韧，不易开裂变形，可用于制作地板或装饰背景墙，具有较强的装饰性与设计感。

4. 樟木

樟木在我国江南各省均有分布，树径较大，材幅宽，花纹美，伴有浓烈的香味，可使诸虫远避，是制作柜体等家具的优良材料。

5. 柚木

柚木属于热带树种,纹理细腻,是制作高档家具、地板、室内外装饰的优质材料,价格较高。

6. 楠木

楠木是一种极高档的木材,其色呈现为略带灰的浅橙黄色,纹理淡雅文静,质地温润柔和,无收缩性。楠木不腐、不蛀且有幽香。古时皇家的藏书楼、金漆宝座等重要场所常会用到楠木。

7. 樱桃木

樱桃木主要产自欧洲和北美,属高档木材。木材浅黄褐色,纹理雅致,弦切面为中等的抛物线花纹,是制作高档家具的上好木料。

8. 核桃木

核桃木质地细腻,易雕刻,色泽灰淡柔和,是制作家具的上乘材料。

9. 胡桃木

胡桃木属木材中较优质的一种,主要产自北美和欧洲。其弦切面为漂亮的大抛物线花纹,是制作家具的上乘材料。

此外,制作古典中式家具的上好木料还有黄花梨、紫檀、花梨木、酸枝木、鸡翅木,这些木料颜色大多呈暗红褐色,结构细而均匀,耐磨,强度高。

常用的木料如图1-43所示。

橡木	水曲柳	斑马木
樟木	柚木	楠木
樱桃木	核桃木	胡桃木

✿ 图1-43 常用的木料

二、板材

板材通常指有标准大小的扁平矩形建筑材料板，一般应用于建筑行业，用来作墙面、吊顶或地面的构件。随着工业化的生产，室内空间装饰装修板材品种日益增多，目前较常见的装饰性板材有细木工板、胶合板、密度板、刨花板、生态板、薄木贴面板等（图1-44）。

细木工板

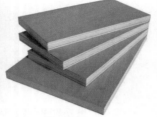
胶合板

密度板

刨花板

生态板

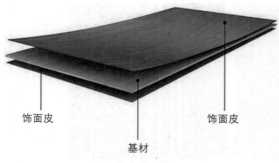
饰面皮　　　饰面皮　　　基材
薄木贴面板

🔺 图1-44　常用的板材

1. 细木工板

细木工板俗称大芯板，是由两片单板中间胶压木板拼接而成。细木工板的两面胶粘单板的总厚度不得小于3mm。中间木板是由优质的天然木板经热处理烘干后，加工成一定规格的木条，再由拼板机拼接而成。细木工板握螺钉力好，强度高，具有质坚、吸声、隔热、含水率不高、加工简便等特点，用途较为广泛，可应用于制作室内家具、门窗、隔断、窗帘盒等。

2. 胶合板

胶合板是家具常用材料，为三大人造板材之一。它由木段旋切成单板或由木方刨切成薄木，再用胶黏剂胶合成三层或多层，通常有三合板、五合板等。通常长宽规格有1220mm×2440mm，厚度规格有3mm、5mm、9mm、12mm、15mm、18mm等。胶合板能提高木材利用率，是节约木材的一个主要途径。

3. 密度板

密度板也称纤维板，是以木质纤维或其他植物纤维为原料，施加脲醛树脂或胶黏剂制成人造板材。按不同的密度，可将其分为高密度板、中密度板、低密度板。密度板表面光滑平整、材质细密、性能稳定、边缘牢固，而且板材表面的装饰性好，各种涂料、油漆类可均匀地涂在密度板上，是制作家具的一种良好材料。密度板的最大缺点是不防潮，见水发胀。在用密度板做踢脚板、门套板、窗台板时，应该把六面都刷漆，这样才不易变形。

4. 刨花板

刨花板又称微粒板、颗粒板，是由木材或其他木质纤维素材制成的碎料，施加胶黏剂后在热力和压力作用下胶合成的人造板。由于刨花板结构比较均匀，加工性能好，具有良好的吸音、隔音、隔热的优点，可以根据需要加工成不同规格、样式。成品的刨花板不需要再次干燥，但它边缘粗糙，容易吸湿，所以用刨花板制作家具时,封边工艺就显得特别重要。

5．生态板

生态板又称"免漆板"或"三聚氰胺板"。生态板具有表面美观、施工方便、生态环保、耐划耐磨等特点。生态板分狭义和广义两种概念,广义上生态板等同于三聚氰胺贴面板,是将带有不同颜色或纹理的纸放入生态板树脂胶黏剂中浸泡,然后干燥并固化到一定程度,将其铺装在刨花板、防潮板、中密度纤维板、胶合板、细木工板或其他硬质纤维板的表面,后经热压而成。狭义的生态板仅指中间所用基材为拼接实木的三聚氰胺饰面板,主要用在家具、橱柜衣柜、卫浴柜等处。

6．薄木贴面板

薄木贴面板是将珍贵树种的木材经过一定的加工处理,制成厚为 0.1 ～ 1mm 的薄木切片,再将薄木片用胶黏剂粘贴在基板上。其特点是花纹图案美丽,立体感强,主要用在木门、墙裙、吊顶、墙面、家具、橱柜的装饰造型等处。薄木贴面板常用的品种有水曲柳板、枫木板、榉木板、柚木板、胡桃木、北欧雀眼等。

三、石材类

建筑石材可分为天然石材和人造石材两大类。天然石材指从天然岩石中开采出来,并加工制作成块状或板状的石材。人造石材是指并非完全由石材原料加工而成的石材。建筑用的饰面石材大致有大理石、花岗岩、洞石、砂岩、人造石、透光石材等。

1．大理石

大理石是地壳中原有的岩石经过地壳内高温高压作用而形成的变质岩,主要由方解石、石灰石、蛇纹石和白云石组成。大理石主要成分以碳酸钙为主,约占50%以上。其表面花色丰富,纹理漂亮,装饰性极强,还具有优良的加工性能,可进行锯、切、磨

光、钻孔、雕刻等。此外,大理石不导电,不导磁,场位稳定;缺点是硬度较低,容易划伤,不耐腐。因此,常用于酒店、会所、展厅、商场、娱乐等室内空间的地面、墙面、柱面、楼梯等处。

常见的大理石如图 1-45 所示。

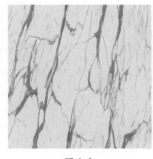
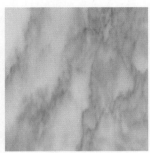

爵士白　　　　　　　山水纹大花白

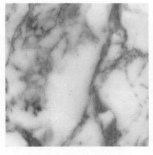

网纹大花白　　　　　雪花白(特级)

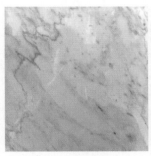

雅士白　　　　　　　浅灰白

白玫瑰　　　　　　　法国木纹

🔹 图 1-45　常见的大理石

贵族米黄	银线米黄	世纪米黄	新雅米黄
金花米黄	金玉满堂	金碧辉煌	水晶米黄
金丝米黄	莎安娜米黄	新莎安娜	旧米黄
老木纹	浅啡网纹	啡网纹	深啡网
香槟红	西施红	珊瑚红	意大利灰

⊕ 图 1-45（续）

黑白根　　　　　　　　　　黑金沙

图　1-45（续）

大理石拼花是在现代建筑中被广泛应用于地面、墙面、台面等处的装饰材料，是以原石材的自然色彩与纹理加上人们的艺术构想"拼"出的精美图案。制作方法是利用计算机水刀切割石材并拼接而成，花样丰富，常用于酒店、宾馆、会所、商场的大厅、过道、玄关等处，给室内装修带来华丽的装饰效果（图1-46）。

图 1-46　大理石拼花

珍珠白　　　　　　　　　　霞红

虾红　　　　　　　　　　芝麻灰

 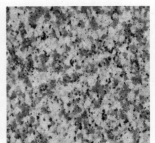

山东白麻　　　　　　　　　大白花

图 1-47　常用的花岗岩

2．花岗岩

花岗岩的主要成分是长石、石英和云母，是一种全晶质天然岩石。它具有硬度高、耐磨、易加工、抗风化、抗腐蚀、不导电、不导磁、场位稳定等特性。其缺点是色调、纹理比较单一。花岗岩常用于地面、过道、台阶、楼梯、水池等处。

常用花岗岩如图 1-47 所示。

3．洞石

洞石是一种多孔岩石，在商业上将其归为大理石类。由于其自身的主要成分是碳酸钙，很容易被水溶解腐蚀，所以洞石中会出现许多天然的无规则孔洞。洞石的色调以米黄居多，色调温和，质地细密，

图 1-48　洞石

条纹清晰，硬度小，具有良好的加工性、隔音性和隔热性，是优异的建筑装饰材料，一般用于室内外的墙面（图1-48）。

4．人造石

人造石结构细密、重量轻、强度高、耐腐蚀、耐污染、施工方便，花纹图案可人为控制，是现代建筑理想的装饰材料。其缺点是硬度不够，光度不一致，可用于柜台等操作台面（图1-49）。

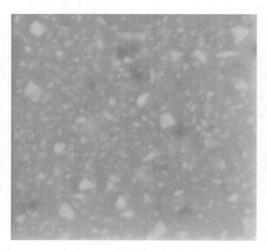

⊕ 图1-49　人造石

5．透光石

透光石又称人造石透光板，是一种新型的复合材料，属于高分子合成制品，以模具浇铸成型，光源距离透光点一般在150～200mm。其具有密度低、硬度高、重量轻、无毒性、无放射性、阻燃性、不粘油、耐磨、易保养、拼接无缝、任意造型等优点，可根据设计的需求随意弯曲。透光石适用于宾馆、酒店、商务大厦、歌舞厅、迪厅、咖啡厅等娱乐场所，另外，用透光石制作的透光幕墙、吊顶、灯饰、灯柱、工艺品等具有独特的装饰效果（图1-50）。

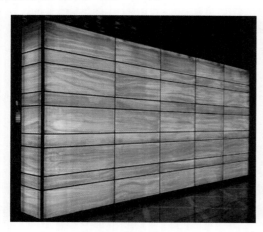

⊕ 图1-50　透光石

四、瓷砖类

瓷砖多由黏土、石英砂等混合制作而成，按照工艺可分为玻化砖、抛光砖、亚光砖、釉面砖、仿古砖、通体砖、瓷砖拼花、陶瓷锦砖马赛克等。瓷砖常用于室内空间的墙面及地面装修（图1-51）。

玻化砖

亚光砖

釉面砖

抛光砖

仿古砖

通体砖

瓷砖拼花

陶瓷锦砖马赛克

⊕ 图1-51　常见瓷砖类

1．玻化砖

玻化砖是由石英砂和泥按照一定的比例烧制而成并打磨光亮，具有光滑透亮、硬度高、重量轻、色彩柔和、耐腐蚀、抗污性强等特点，深受人们的喜爱。

2．抛光砖

抛光砖是通体砖坯体的表面经过打磨、抛光处理而成的一种光亮的砖，属于通体砖的一种。其表面光洁、坚硬耐磨。在运用渗花技术的基础上，抛光砖可以做出各种仿石、仿木效果。但抛光砖易脏，防滑性能不佳，因此尽量不要应用于卫浴间、走道、台阶等处。

3．亚光砖

亚光砖有非亮的光面。亚光砖与抛光砖所用的釉料不同，烧制的温度也高。亚光砖可以避免光污染，但易脏。亚光砖可制成马赛克和花片，可以根据自己的喜好设计造型图案。

4．釉面砖

釉面砖是由黏土、石英、长石烧制而成，其色彩图案丰富、规格多、清洁方便、防滑，被广泛地应用于厨房和卫生间。但因其表面是釉料，所以耐磨性不如抛光砖和玻化砖。

5．仿古砖

仿古砖是从彩釉砖演化而来，与普通的釉面砖相比，主要是釉料的色彩不同。仿古砖通过样式、颜色、图案等营造出怀旧、古典的效果，多用于咖啡厅、酒吧的环境中。

6．通体砖

通体砖是将岩石碎屑经过高压处理压制而成，其硬度高，吸水性低，耐磨性好。

7．瓷砖拼花

瓷砖拼花是一种应用于地面或局部空间中并作特别点缀装饰的瓷砖产品，其色彩丰富，富有艺术气息，常用来装饰地中海或者田园风格的室内环境。瓷砖拼花从工艺上分为釉面、微晶面、水刀加工。釉面瓷砖拼花是瓷砖表面施釉印花经过高温烧结形成的一类瓷砖拼花产品；微晶面瓷砖拼花是表面用微晶熔块覆盖经过高温烧结形成的一类瓷砖拼花产品；水刀加工瓷砖拼花则是应用水刀切割出图案，再用高强树脂粘贴拼合成型的一类瓷砖拼花。

8．陶瓷锦砖马赛克

陶瓷锦砖马赛克的吸水率小、质地坚实、色泽多样、经久耐用、易清洗，特别是用釉并结合磨光技术所制作的产品更具有晶莹、细腻的特征，被广泛用于装饰门厅、走廊、餐厅、卫浴间等处的地面及内墙面，也可作为高级建筑物的外墙饰面材料。

五、玻璃类

玻璃是由二氧化硅和其他化学物质熔融在一起形成的建筑材料。在熔融时形成连续网络结构，冷却过程中黏度逐渐增大并硬化，致使其结晶形成硅酸盐类的非金属材料。玻璃广泛应用于建筑门窗、隔断等处，具有隔风透光的功能。因制作的工艺及添加的用料不同，现今工业上制作出的玻璃种类较多，常见的有冰裂纹玻璃、磨砂玻璃、玻璃锦砖、彩色平板玻璃、中空玻璃、钢化玻璃、热熔玻璃、彩绘玻璃等（图1-52）。

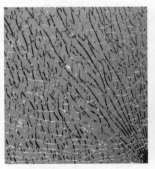 

冰裂纹玻璃　　　　　　　磨砂玻璃

⊕ 图1-52　玻璃类别

玻璃锦砖

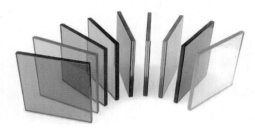

彩色平板玻璃

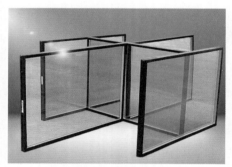

中空玻璃

钢化玻璃

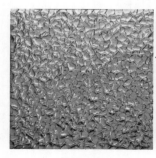

热熔玻璃　　　　　彩绘玻璃

图 1-52（续）

1．冰裂纹玻璃

冰裂纹玻璃是平板玻璃经特殊处理后形成的具有自然冰裂纹理的一种玻璃。它对通过的光线有漫射作用，给人以清新之感，常用于宾馆、酒楼等场所的门窗、隔断、屏风和家庭装饰等处。

2．磨砂玻璃

磨砂玻璃又称毛玻璃，是用硅砂、金刚砂或刚玉砂等材料经过研磨、喷砂加工，使其表面均匀粗糙。磨砂玻璃有透光性而不能透视，一般用于浴室、办公室等需要隐秘和不受干扰的空间。

3．玻璃锦砖

玻璃锦砖又称玻璃马赛克，是一种小规格的玻璃制品。一般尺寸为 20mm × 20mm、30mm × 30mm、40mm × 40mm，厚为 4 ～ 6mm，背面有槽纹，有利于与基面粘结。玻璃锦砖的颜色丰富，色泽众多，有透明、半透明和不透明三种，它的化学成分稳定，热稳定性好，是一种良好的室内外装饰材料。

4．彩色平板玻璃

彩色平板玻璃有透明和不透明两种。透明的彩色平板玻璃是通过在玻璃原料中加入一定量的金属氧化物而制成的。不透明的彩色平板玻璃是经过退火处理的一种饰面玻璃，可以切割，但经过钢化处理的不能再进行切割加工。彩色平板玻璃的颜色有茶色、海洋蓝色、宝石蓝色、翡翠绿等，可以拼成各种图案，并有耐腐蚀、抗冲刷、易清洗的特点，主要用于建筑物的内外墙、门窗装饰及对光线有特殊要求的空间界面。

5．中空玻璃

中空玻璃多采用胶接法将两块玻璃保持一定间隔，间隔部分空隙中是干燥的空气，周边再用密封材料密封而成。其主要用于有隔音要求的装修工程之中。目前建筑外墙面采用的玻璃基本以中空玻璃居多。

6．钢化玻璃

钢化玻璃是普通平板玻璃经过再加工处理后形成的一种预应力玻璃。钢化玻璃不容易破碎，即使破碎也会以无锐角的颗粒形式碎裂，对人体伤害大大降低，适合酒店、商场、办公空间的墙面及地面使用。

7．热熔玻璃

热熔玻璃属于玻璃热加工工艺，即把平板玻璃烧熔，凹陷入模成形。其图案丰富、立体感强、装饰华丽，常用于门窗、隔断等处，满足了人们对装饰风格多样和美感的追求。

8．彩绘玻璃

彩绘玻璃是运用特殊颜料在玻璃上绘画，再经过低温烧制，花色艳丽，图案可随意搭配。目前彩绘玻璃主要有两种：一种是应用现代数码科技并经过工业胶粘合而成，另一种是纯手绘制作而成。彩绘玻璃主要用于门窗、隔断的装饰上。

六、艺术砂岩

艺术砂岩是将天然砂岩粉碎成细砂石粉，再添加多种胶凝材料，经过复合而制造出丰富多彩、细腻且质感效果鲜明的制品。艺术砂岩造型逼真，可塑性强，可随意定制任意图案和规格，具有厚重大气、立体感强、无放射性、耐酸碱、硬度好、无毒无味、无污染、防水等特征。艺术砂岩可制作成浮雕、柱墩、装饰墙等，特别适用于城市景观、博物馆、文化中心、酒店宾馆、娱乐场所、洗浴中心、度假村、会所、别墅等室内外建筑的装饰装修中（图 1-53 和图 1-54）。

七、室内内墙涂料类

1．乳胶漆

乳胶漆是以丙烯酸酯共聚乳液为代表的一大类合成树脂乳液涂料。乳胶漆具备了与传统墙面涂料不同的众多优点，易于涂刷，干燥迅速，漆膜耐水、耐擦洗（图 1-55）。

⬆ 图 1-53 欧式卷草花纹样式的艺术砂岩

⬆ 图 1-54 植物花纹样式的艺术砂岩

⬆ 图 1-55 乳胶漆

2．粉末涂料

粉末涂料包括硅藻泥、海藻泥等，是目前比较环保的涂料，深受消费者和设计师的喜爱。粉末涂料在施工时可以直接兑水，并与专用模具配合使用。（图1-56）。

⊕ 图1-56　硅藻泥

3．液体壁纸

液体壁纸是逐渐开始流行的内墙装饰涂料，色彩可以任意调制，效果多样。液体壁纸有超强的耐摩擦及抗污性能，工艺上应配合专用模具，施工会较为方便（图1-57）。

⊕ 图1-57　液体壁纸

4．艺术涂料

艺术涂料是一种新型的墙面装饰艺术材料，最早起源于欧洲，如今采用现代高科技的处理工艺。这类产品的色彩自然，肌理丰富，有光泽，不易开裂，绿色环保，易于清理，同时还具备防水、防尘、阻燃等

功能。在施工中应注重手工涂刷时的工艺与效果。艺术涂料可广泛用于宾馆、酒店、会所及豪华别墅的内墙、廊柱、吊顶等处，装饰后能产生极其高雅的效果（图1-58）。

⊕ 图1-58　艺术涂料

八、石膏类

1．纸面石膏板

纸面石膏板是以建筑石膏为主要原料，掺入适量添加剂与纤维作为板芯，以特制的板纸作为护面，经加工制成的板材。纸面石膏板具有重量轻、隔声、隔热、加工性能强、施工方法简便的特点，常用于吊顶及墙面装饰（图1-59）。

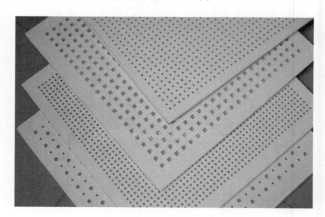

⊕ 图1-59　纸面石膏板

2．装饰石膏板

装饰石膏板是以建筑石膏为主要原料，掺入少

量纤维材料后制成的有多种图案的板材,可分为石膏印花板、穿孔吊顶板、石膏浮雕吊顶板、纸面石膏饰面装饰板、树脂防水装饰石膏板等类型。它是一种新型的室内装饰材料,适用于中高档装饰装修中,具有轻质、防火、防潮、易加工、安装简单等特点。特别是新型树脂防水装饰石膏板的板面通常会覆以树脂,饰面的色调图案逼真,新颖大方;另外,板材强度高,耐污染,易清洗,可用于装饰墙面,或做成护墙板及踢脚板等,是代替天然石材和水磨石的理想材料(图1-60)。

图 1-60　装饰石膏板

3.纤维石膏板

纤维石膏板是一种以建筑石膏粉为主的原料,它以各种纤维为增强材料并形成一种新型建筑板材。纤维石膏板是继纸面石膏板获得广泛应用后,又一次开发成功的新产品,其综合性能优于纸面石膏板,是一种很有开发潜力的建筑板材(图1-61)。

图 1-61　纤维石膏板

九、其他装饰装修界面材料

1.金属装饰板

金属装饰板材质种类有铝、铜、不锈钢、铝合金等,其中,不锈钢材质的装饰板档次较高,价格也较贵,主要用于装饰建筑的外表面,同时还起到保护被饰面免受雨雪等侵蚀的作用(图1-62)。

图 1-62　金属装饰板

2.水泥板

水泥板是以水泥为主要原材料加工生产的一种建筑平板,具有可自由切割、钻孔、雕刻,防火、防水、防腐蚀性能好,使用年限久等优势,是建筑行业使用广泛的建筑材料,通常用于室内隔墙、地面、内墙装饰、楼层隔板、外墙墙板、LOFT阁楼板等处(图1-63)。

图 1-63　水泥板

3．矿棉吸音板

矿棉吸音板是以优质粒状棉为主要原材料，添加独特晶体结构的 ATTA 黏土作为无机黏结剂，经过加工后，表面形式会变得丰富，有较强的装饰效果。其最大的优点是吸音效果好，防火性能佳，重量轻；缺点体现在其表面为白色，容易受到其他挥发性溶剂的侵蚀而变黄，建议用于吊装装修，不建议在潮湿环境中使用（图 1-64）。

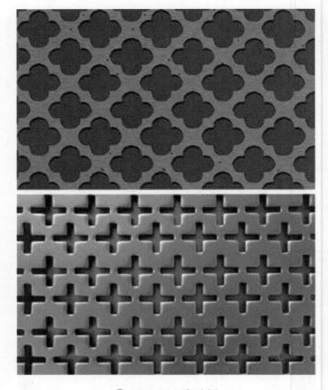

图 1-65 穿孔板

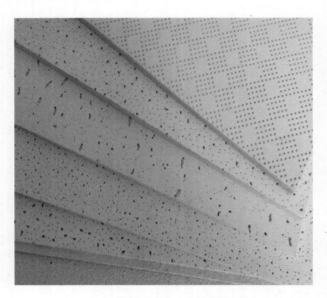

图 1-64 矿棉吸音板

4．穿孔板

穿孔板是在不同材质的板材上打孔形成的板材。一般材质采用不锈钢板、铝板、铁板、低碳钢板、铜板等。常见的孔形有圆孔、方孔、菱形孔、三角形孔、五角星孔、长圆孔等。穿孔板在现实生活中的应用非常广泛，主要用于吸收噪音，也可以作为装饰板材，具有美观大方的特点（图 1-65）。

5．铝扣板

铝扣板是以铝合金板材为基底，通过开料、剪角、模压成型并添加涂层而制成。随着技术的发展，铝扣板式样变得十分丰富，比如有热转印、釉面、油墨印花、镜面、3D 等类型。铝扣板主要用于厨卫、工业厂房的吊顶处，具有防火、防潮的功能（图 1-66）。

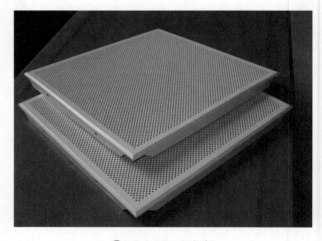

图 1-66 铝扣板

6．铝塑板

铝塑板是以经过化学处理的涂装铝板为表层材料，用聚乙烯塑料作为芯材，再在专用铝塑板生产设备上加工而成的复合材料。铝塑板较为经济且色彩多样，施工便捷，还可防火，主要用于大楼外墙、帷幕墙板、旧楼改造翻新、室内墙壁及吊顶装修、广告招牌、展示台架等处，是应用极广的一种建筑装饰材料（图 1-67）。

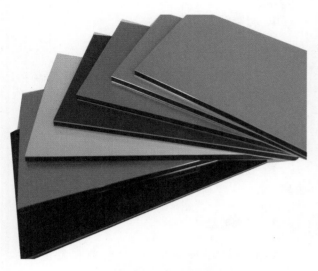

图 1-67 铝塑板

图 1-69 烤漆板

7. 亚克力板

亚克力板是经过特殊处理的有机玻璃，一般用于室内空间的装饰性隔断及橱窗、背景墙、灯罩等处。亚克力板具有良好的透光性，抗冲击力强，自重轻，色彩丰富，维护方便，易清洁（图 1-68）。

图 1-68 亚克力板

8. 烤漆板

烤漆板是木工材料的一种。烤漆板可分亮光、亚光及金属烤漆三种。它是以密度板为基材，表面经过 6～9 次打磨、上底漆、烘干、抛光，并经高温烤制而成，主要用于橱柜、房门等处。它的色彩丰富而亮丽，容易清洁，但怕磕碰，容易产生划痕（图 1-69）。

十、壁纸类

壁纸也称为墙纸，是一种用于裱糊墙面的室内装修材料，广泛用于住宅、办公室、宾馆、酒店的室内墙面装修及吊顶装饰。因其具有色彩图案丰富、豪华气派、施工方便等多种优点，在欧美、日本等发达国家及地区得到较高的普及应用。壁纸常见的类别有云母片壁纸、木纤维壁纸、金银箔壁纸、树脂壁纸、墙布壁纸、发泡壁纸、织物壁纸、无纺布壁纸、棉质壁纸、玻璃纤维壁纸等（图 1-70）。

云母片壁纸

木纤维壁纸

金银箔壁纸

树脂壁纸

图 1-70 壁纸类别

墙布壁纸　　　　　　　　　发泡壁纸

织物壁纸　　　　　　　　　无纺布壁纸

棉质壁纸　　　　　　　　玻璃纤维壁纸

图 1-70（续）

1. 云母片壁纸

云母是一种矽酸盐结晶，这类制品有光泽感且外观高雅，具有很好的电绝缘性，安全系数高，既美观又实用。

2. 木纤维壁纸

木纤维壁纸的环保性强，透气性能优越，使用寿命长且表面富有弹性，较为柔软舒适，可擦洗。

3. 金银箔壁纸

金银箔壁纸主要是采用纯正的金、银、丝等高级面料制成表层。这类壁纸手工工艺精湛，贴金工艺考究，价值较高，并且防水、防火，易于保养。

4. 树脂壁纸

树脂壁纸的面层由胶构成，也叫高分子材料。这类壁纸防水性能非常好，水分不会渗透到墙体内，属于隔离型防水材料。

5. 墙布壁纸

墙布壁纸的面层相对厚重，主要特点是结实耐用。

6. 发泡壁纸

发泡壁纸以纸为基材，涂上掺有发泡剂的PVC糊状树脂，经印花后再加热发泡制作而成，因此比普通壁纸显得厚实、松软。这类壁纸有高发泡印花、低发泡印花两种类型，其中高发泡壁纸表面呈富有弹性的凹凸状；低发泡壁纸是在发泡平面上印有花纹图案，具有类似浮雕、木纹、瓷砖等纹理或材质的效果。

7. 织物壁纸

织物壁纸是用丝、毛、棉、麻等天然纤维作为原材料，经过无纺成型，上树脂，印制彩色花纹后制作而成。其物理性能非常稳定，遇水后颜色变化也不大。织物壁纸富有弹性，不易折断，色彩鲜艳，粘贴方便，有一定的透气性和防潮性，耐磨，不易褪色。其缺点是壁纸表面易积尘，且不易擦洗。

8. 无纺布壁纸

无纺布壁纸是以纯无纺布作为基材，表面采用水性油墨印刷，然后涂上特殊材料，经特殊加工而制成。无纺布壁纸具有吸音、不变形、轻薄等优点，并且有强大的呼吸性能。施工简单，易操作，非常适合喜欢DIY（自己动手制作）的年轻人。

9. 棉质壁纸

棉质壁纸是将纯棉平布经过前期处理、印花及添加涂层后制作而成，具有强度高、静电小、无光、吸音、无毒、无味、耐用、花色美丽大方等特点，适用于较高档的室内装饰。

10．玻璃纤维壁纸

　　玻璃纤维壁纸是以玻璃纤维布为基材，表面涂以耐磨树脂，再印上彩色图案后制作而成，具有色彩鲜艳、花色繁多、不褪色、不老化、防火、耐磨、施工简便、粘贴方便、可擦洗等优点。

　　目前市场上的壁纸纹样、花色极其丰富，即便是同一种风格，也可通过壁纸、壁纸腰线、布料、轻纱、绸缎等的不同搭配形成迥异的样式。壁纸因纹理、色彩、图案不同会形成不同的视觉效果，所以装修时需要结合空间的层高、采光条件、户型大小选择适合的壁纸进行装饰。例如，朝向阳光的室内空间，可以选用趋中偏冷的色调来缓和房间的温度感，比如浅蓝、浅绿等；而光照不佳的室内空间，则可以选择暖色系的壁纸来增加房间的明朗感，如奶黄、浅橙色等；面积小的空间宜选择图案较小的壁纸，细小的图案有规律地排列会为室内增添秩序感，如浅色的纵横相交的格子类墙纸可以起到扩充空间的作用。

第六节　公共空间室内采光与照明

一、室内采光照明的基本要求

　　在室内设计中，光不仅是为满足人们视觉功能的需要，而且是一个重要的美学因素。光可以形成空间及改变空间，它直接影响到人对空间大小、结构和色彩的感知。室内照明设计就是利用光的特性创造出理想化的光环境，再通过照明充分发挥其艺术作用，并且可以创造室内的良好气氛，加强空间感和立体感的设计效果。

二、室内采光与照明方式

1．采光布置方式与光源类型

　　（1）一般灯具布置方式有整体、局部、整体与局部结合、成角等类型（图 1-71）。

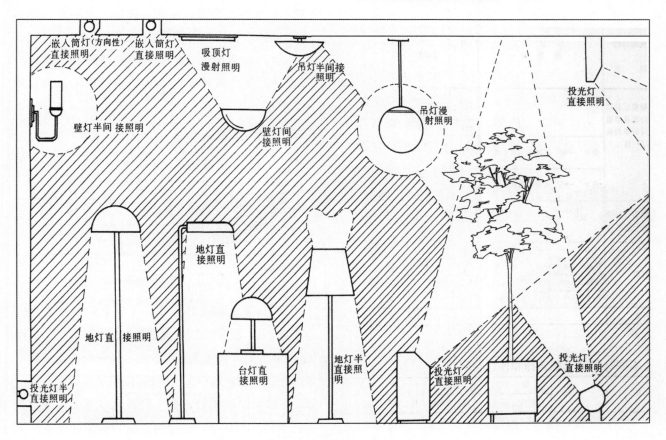

⊕ 图 1-71　不同灯具的光源照明形式

（2）光源类型。光源类型主要有白炽灯、荧光灯、霓虹灯、高压放电灯。不同类型的光源具有不同的色光和显色性能，对室内的气氛和物体的色彩会产生不同的效果和影响。设计空间时应按不同的需要选择光源。

2.照明方式

（1）直接照明。光线通过灯具射出，其中90%～100%的光通量到达假定的工作面上，这种照明方式为直接照明。直接照明具有强烈的明暗对比，可以产生有趣生动的光影效果，可突出工作面在整个环境中的主导地位。但是由于亮度较高，应防止眩光的产生（图1-72）。

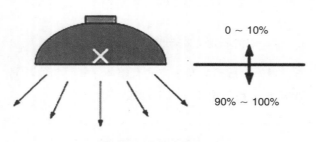

🔆 图1-72　直接照明

（2）半直接照明。半直接照明方式是半透明材料制成的灯罩罩住光源上部，使60%～90%以上的光线集中射向工作面，10%～40%被罩光线经半透明灯罩扩散后向上漫射，这样的光线比较柔和。这种灯具常用于顶部较低的房间。由于漫射光线能照亮平顶，产生房间顶部高度增加的视觉效果，进而制造出比实际高度更高的空间感（图1-73）。

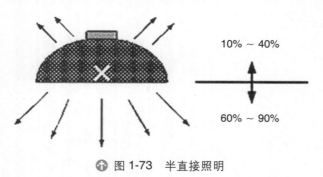

🔆 图1-73　半直接照明

（3）间接照明。间接照明方式是将光源遮蔽而产生间接光的照明方式，其中90%～100%的光通量通过吊顶或墙面反射作用于工作面，10%以下的光线则直接照射在工作面上。通常有两种处理方法：一种是将不透明的灯罩装在灯泡的下部，光线射在平顶或其他物体上，再反射成间接光线；另一种是把灯泡设在灯槽内，光线从平顶反射到室内，形成间接光线。单独使用这种照明方式时，需注意不透明灯罩下部的浓重阴影，通常和其他照明方式配合使用以便取得特殊的艺术效果（图1-74）。

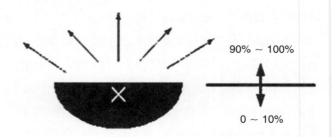

🔆 图1-74　间接照明

（4）半间接照明。半间接照明方式与半直接照明正好相反，它是把半透明的灯罩装在光源下部，使60%以上的光线射向平顶，形成间接光源；10%～40%部分的光线经灯罩向下扩散。这种方式能产生比较特殊的照明效果，可使较低矮的房间有增高的感觉。也适用于住宅中的小空间部分，如门厅、过道等。用这种照明方式营造学习氛围最为合适（图1-75）。

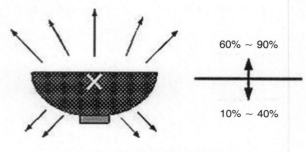

🔆 图1-75　半间接照明

（5）漫反射照明方式。漫反射照明是利用灯具的折射功能来控制眩光，使光线向四周扩散。建造这种照明方式大体有两种途径：一种是让光线从灯罩上口射出，经平顶反射后，两侧从半透明灯罩扩散，下部从格栅扩散；另一种是用半透明灯罩把光线全部封闭，从而产生漫射。这种照明的光线性能柔和，令人视觉舒适，所以漫反射照明适合于创建安静的空间（图1-76）。

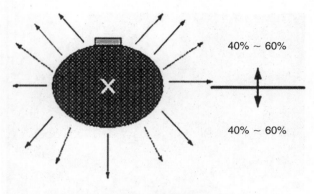

40% ~ 60%

40% ~ 60%

图 1-76 漫射照明方式

三、灯具的款式

1. 吊灯

吊灯从顶面直接垂吊下来。常用的有欧式烛台吊灯、中式吊灯、水晶吊灯、羊皮纸吊灯、时尚吊灯、锥形罩花灯、尖扁罩花灯、束腰罩花灯、五叉圆球吊灯、玉兰罩花灯、橄榄吊灯等。吊灯常用于宴会厅、会堂、餐厅等层高较高的空间中。吊灯的安装高度最低点应离地面不小于 2.2m。

2. 吸顶灯

吸顶灯是直接安装在吊顶或天棚上的灯具。常用的有方罩吸顶灯、圆球吸顶灯、尖扁圆吸顶灯、半圆球吸顶灯、半扁球吸顶灯、小长方罩吸顶灯等。吸顶灯适合于层高较低的室内空间的照明,如办公空间、超市、商店等。

3. 落地灯

落地灯常用作局部照明,移动便利,对于角落气氛的营造效果较好。落地灯的采光方式若是直接向下投射,则适合阅读等需要精力集中的场所;若是间接照明,可以调整整体的光线变化。落地灯的灯罩离地面高度可根据个人习惯进行调整。

4. 壁灯

壁灯属于小型灯具,具有辅助照明的作用。常用的有双头玉兰壁灯、双头橄榄壁灯、双头鼓形壁灯、双头花边杯壁灯、玉柱壁灯、镜前壁灯等。壁灯的安装高度离地面不小于 1.8m。

5. 台灯

台灯主要是便于人们的阅读、学习及工作,还可起到一定的装饰作用。台灯按材质分陶灯、木灯、铁艺灯、铜灯等;按功能分护眼台灯、装饰台灯、工作台灯等。

6. 筒灯

筒灯有一个螺口灯头,可以直接装上白炽灯或节能灯的灯具。它是一种嵌入吊顶内的照明灯具,这种嵌装于吊顶内部的隐置性灯具,所有光线都向下投射,属于直接照明。筒灯不占据空间,可增加空间的柔和气氛,在酒店、家庭、咖啡厅使用较多。

7. 射灯

射灯可安置在吊顶四周或家具上部,光线直接照射在需要强调的家什器物上,以突出主观审美作用,达到重点突出、层次丰富的艺术效果。射灯光线明亮,既可对整体照明起主导作用,又可局部采光来烘托气氛。射灯多用于商店、博物馆、展览馆等公共展示空间。

8. 轨道灯

轨道灯安装在轨道线上,可以任意调节照射角度。在需要重点照明的地方,轨道灯可作为一种特定射灯使用。轨道灯一般用于商场专卖店、汽车展示、珠宝首饰、星级酒店、品牌服装、高档会所、文物展馆、连锁商场、品牌营业厅、专业橱窗、柜台等重点照明场所。

9. 嵌入式灯具

嵌入式灯具的结构是不外漏的,灯体部分是嵌入建筑物或其他物体内而看不到,常见的有筒灯、格栅灯。

10. LED 内藏灯带

LED 灯带是指把 LED 组装在带状的柔性线路板 FPC 或 PCB 硬板上,形状像一条透明的带子。

其具有使用寿命长、节能、柔软、防水、环保等优点，能任意卷曲塑造出图形、文字等造型。

第七节　公共空间室内艺术风格

　　室内设计的风格与流派往往和建筑以至室内家具的风格流派相统一。不同室内风格的形成不是偶然的，它是受不同时代和地域特殊条件的影响，经过创造性地构想而逐渐形成的，与民族特性、社会制度、社会生活方式、文化思潮、风俗习惯、宗教信仰等方面都有直接的关联。人类文明的发展和进步是个连续不断的过程，各种风格的延续不但有历史文化的内涵，而且需要应用现代科技、高新技术的建筑装饰装修材料去体现。

1．中式风格

　　中式风格分为中式古典风格与现代新中式风格。现代新中式风格延续了中式古典风格的设计元素，室内多采用对称式布局，以木料装修为主，格调高雅，造型优美，在建筑空间设计中较为常见。室内多搭配造型简洁的宋、明式家具，线条平直硬拐，配以绸缎、丝麻等软装布艺材料，表面用刺绣或印花图案进行装饰。此外，室内陈设还包括挂屏、盆景、瓷器、古玩、屏风等。在装饰的色彩搭配上，现代中式风格非常讲究空间色彩的层次感，颜色也更加明快，如绿色、白色、蓝色等的应用。现代新中式风格空间整体大气简约、高贵而典雅，追求一种修身养性、崇尚自然情趣的生活境界（图1-77）。

2．日本"和式"风格

　　和式风格家居空间布局淡雅稳重，设计风格简约而精致，色彩多偏于原木色，善于应用竹、藤、麻和其他天然材料，从而形成了朴素的自然风格。

　　和式风格秉承了日本传统美学对原始形态的推崇，采用简化装饰细部处理的手法以体现空间本质，原封不动地表露出水泥表面、原木材质，显示出朴质、简洁明快的空间感（图1-78）。

⊕ 图1-77　云南民宿云树小筑

⊕ 图1-78　日本民宿虹夕诺雅会客厅

3．简欧风格

　　简欧风格在我国装饰装修行业中的应用较为广泛，室内界面的吊顶一般安装水晶吊灯；墙面用大理石、壁纸、艺术饰面漆、软包等材质作为装饰；地面铺大理石拼花或木地板。室内空间大量采用象牙白、米黄、浅蓝、古铜色、金色、银色等柔和的色彩构建出温馨的室内环境。家具在沿袭传统的基础上，更多的追求实用性与舒适度,椅子靠背多为矩形、卵形和圆形。制作家具的木材种类有蟹木楝、橡木、胡桃木、桃花心木等。在装饰图案时多以简化的卷草纹、植物藤蔓作为装饰语言,可营造温馨、浪漫、华丽的氛围。简欧风格是目前别墅、酒店、会所采用最多的风格之一(图1-79)。

⊕ 图1-79 简欧风格餐厅设计

4．美式风格

美式风格较多地融入了美国本土草原风格元素,具有"不羁、怀旧、自然"的特点,在平面布局上以对称空间为主。吊顶有时用粗木条搭建,灯具搭配做旧的铁艺制品或风扇吊灯的款式。室内一般有高大的壁炉,门窗以双开落地的法式门和能上下移动的玻璃窗为主;地面材质采用深色拼花木地板或用大理石拼花,整体气氛具有文化感、贵气感与自由感。室内家具常用绿色、驼色、棕红、咖色等较深的色彩,装饰图案以较有代表性的格子印花与条纹印花为主。装饰品有古董、黄铜、青花瓷、浓厚的油画作品等(图1-80)。

5．田园风格

田园风格倡导"回归自然",室内多用木、石、藤、竹等天然材料营造清新淡雅、悠闲、舒畅、自然的生活情趣。色彩方面偏向于清新的颜色,如粉红、粉紫、粉绿、粉蓝、白色等;图案应用较多的是花朵和格子(图1-81)。

⊕ 图1-80 美式风格会所(新疆中航翡翠城中心/勃朗设计)

⊕ 图1-81 田园风格民宿会客厅

6．东南亚风格

在悠久的文化和宗教影响下,东南亚的手工艺匠大量使用土生土长的自然原料,用编织、雕刻和漂染等具有民族特色的加工技法,创作出地域性的独特风格。

东南亚风格常运用木材、竹子、藤、贝壳、石头、砂岩等自然材料装饰室内。家具多选用柚木、檀木、杜果木等材质,外观多用包铜、金箔装饰的工艺。室内软装饰上采用饱和度高的壁纸、丝绸质感的布料营造空间,以亚热带花草、佛教元素和动物等作为装饰题材(图1-82)。在装饰陈设方面有清凉的藤椅、泰丝抱枕、精致的木雕、树脂雕花、泰国的锡器,以及造型逼真的佛头、佛手、纱幔等。

图 1-82　东南亚风格酒店客房

7. 地中海风格

　　室内常见的地中海风格家居有连续的拱廊与拱门，墙面常采用白灰泥墙，地面铺设赤陶或马赛克（图1-83）。在室内色彩上，常以蓝与白作为主色调，以土黄、紫、绿、红褐为辅助色调进行搭配。

图 1-83　地中海风格民宿（和宿海景艺术民宿）

　　地中海风格的家具为线条简单且修边浑圆的实木家具搭配独特的锻打铁艺，工艺上以擦漆做旧处理。软装饰的布艺应用在窗帘、壁毯、桌巾、沙发套、灯罩方面，图案以素雅的小细花、条纹格子为主，尽量采用低彩度的棉织品。装饰物品常用小石子、瓷砖马赛克、贝类、玻璃珠等素材。

8. 北欧风格

　　北欧风格是指欧洲北部国家，以挪威、丹麦、瑞典、芬兰及冰岛等国家的艺术设计风格为表现载

体。北欧风格将德国的崇尚实用功能理念与本土的传统工艺相结合，以崇尚自然，尊重传统工艺技术，富有人情味的设计享誉国际。北欧风格设计的典型特征是室内界面基本不用纹样和图案装饰，只用线条、色块来点缀。家具陈设一般选用简洁、功能化、人性化的设计。在选材方面大多采用枫木、橡木、云杉、松木和白桦，展现出一种朴素柔和、细密质感的简约美（图1-84）。

图 1-84　北欧风格办公空间（成都帝睿装饰公司案例）

9. 现代简约风格

　　现代简约风格起源于19世纪末20世纪初期的包豪斯学派，这种风格注重简约、实用，以"少即是多"为设计理念，线条造型简洁、明快。该风格善于应用不锈钢、抛光石材、镜面玻璃、瓷砖、水泥、钢铁、铝等现代工艺材料；室内墙面与吊顶多采用白色乳胶漆，空间布局侧重人性化设计；装饰陈设物的造型简洁抽象，以求得更多共性，凸显现代简约主题（图1-85）。

图 1-85　未来生活展馆

10. Loft 工业风格

Loft 工业风格是许多年轻人比较喜欢的,它自由、随性,又带着酷酷的味道,彰显主人的品位与气质,以突出当代工业技术成就为特色,十分崇尚"机械美",强调工艺技术与时代感,可在建筑形体和室内环境设计中加以展现,或用在室内暴露梁板、网架等结构构件以及风管、线缆等各种设备中。在家具选择方面搭配北欧风格居多(图 1-86)。

🔝 图 1-86　Opera 软件公司的办公空间

11. 混搭风格

近年来科技的进步和财富的增长彻底改变了人们的生活方式,人们的思维和审美也在发生着变化,不再拘泥于一种风格,而是尝试着从各种风格中借鉴自己喜爱的元素。我们将其归类为"混搭风格"。室内布置中既趋于现代实用,又吸取传统风格的特征,在装潢与陈设中融古今、中西于一体,例如,中式的屏风、摆设和茶几搭配欧式的沙发、灯具。在

材料上应用金属、玻璃、瓷、木头、皮质、塑料等进行搭配。

第八节　室内设计流派

1. 光亮派

光亮派也称为银色派,应用在室内设计中用来展现具有光亮效果的新型材料及现代加工工艺的精密程度,常采用镜面及平曲面玻璃、不锈钢、磨光的石材等作为装饰材料。在室内环境的照明方面,常使用投射、折射等各类新型光源和灯具,将光线照射在金属或镜面的材料上,可以打造光彩照人、绚丽夺目的视觉效果。

2. 白色派

美国建筑师 R.Meier 是白色派设计的代表人物,其特色体现在室内各界面及家具常以白色为基调,风格简洁明朗,这种设计不仅停留在简化装饰、选用白色等表面处理上,而且具有更深层的构思和内涵,强调在装饰造型和用色上不做过多的渲染(图 1-87)。

🔝 图 1-87　白色派(温州永嘉世贸中心 / PAL 设计)

3. 风格派

风格派始于 20 世纪 20 年代的荷兰,代表人物为画家 P.Mondrian。风格派强调"纯造型的表现",他们认为"把生活环境抽象化,这对于人们的生活

来说就是一种真实"。风格派的室内装饰和家具经常采用几何形体,色彩上以红、黄、蓝三色为主色调,辅助搭配黑、灰、白等色彩,体现出鲜明的特征和个性(图1-88)。

图 1-88　荷兰风格派(乌克兰设计师 Daria Zinovatnaya 设计的 Corb 系列)

4. 解构主义派

解构主义是 20 世纪 60 年代由法国哲学家代表 J.Derrida 提出来的哲学观念。解构主义派对传统古典采取否定的态度,强调不受历史文化和传统理性的约束,他们注重突破传统形式的构图(图1-89)。

5. 超现实派

超现实派追求所谓的超越现实的艺术效果,在室内布置中常采用异常的空间组织、曲面或具有流动弧线形的界面(图1-90),或者采用有浓重色彩且造型奇特的家具,以及现代风格的绘画和雕塑来烘托变幻莫测的超现实气氛,这种做法常见于展示活动及娱乐空间。

图 1-89　解构主义派(印度 Unlocked 解构主义主题酒吧 / Renesa 工作室设计)

图 1-90　超现实派(上海研趣品牌设计)

6. 装饰艺术派

装饰艺术派也可以称为艺术装饰派,起源于 20 世纪 20 年代法国巴黎的一场现代工业国际博览会,装饰艺术派善于运用多层次的几何线形及图案,通常装饰于建筑内外门窗线脚、檐口及腰线、顶角线等部位。这种流派突出浓烈的色彩、大胆的几何结构和强烈的装饰性。

第二章
公共空间室内设计项目——办公空间设计

核心内容：本章主要介绍办公空间平面功能布局、各空间功能设计要素、办公家具尺寸、界面材料应用、色彩设计等内容。

实训内容：实地考察并测量办公空间设计项目，了解具体设计要求及设计规范，会应用 CAD、三维制图等设计软件准确表达设计。

第一节　办公空间的类别

办公空间是供机关、团体和企事业单位办理行政事务及从事各类业务活动的场所。办公空间环境代表着一个企业的整体形象，其内部的设计是为办公人员创造一个便捷、舒适的工作环境。现代办公空间区别于传统单一式的格局，更加注重高效率、信息化、科技化、人性化的功能设计。

一、办公空间的布局形式分类

1．单间式办公空间

单间式办公空间是以部门为单位，分别安排在不同大小和户型的房间之中。其特点是空间干扰小，一般适用于领导办公室、财务室、资料档案室、私人接待室、会议室、休息室等处。

2．开敞式办公空间

开敞式办公空间是将若干部门置于一个大空间之中，而将每个工作台用矮挡板分隔，形成各自相对独立的空间，又能随时交流，适合于多人办公。其特点是节省空间，同时方便布局线路及安装空调等设备。

二、办公空间的业务性质分类

1．行政办公空间

行政办公空间即党政机关、人民团体、事业单位的办公空间，其设计风格多以朴实、大方、稳重、实用为主。

2．商业办公空间

商业办公空间即商业和服务类的办公空间，装饰风格往往带有行业窗口性质，装修风格应与企业形象统一。

3．专业性办公空间

专业性办公空间指各专业单位所使用的办公空间，这类办公空间具有较强的专业性。如电信、银行、税务、设计所一类的办公空间，其装饰特点应在实现专业功能的同时，体现自己特有的专业形象。

4．综合办公空间

综合办公空间即以办公空间为主，同时包含商场、金融、娱乐、公寓和展览场所等。这类办公空间面积较大。

公共空间室内设计

第二节　办公空间的功能设计

现代办公空间强调效率化与办公自动化,色彩一般简洁明快,会选用绿色环保的装修材料,装修技术上朝着集约化、装配化、智能化、配套化方向发展。在功能布局上必须符合办公使用的便捷性。从业务角度考虑,办公空间主要的功能区域有门厅、接待室、员工办公区、管理人员办公室、领导办公室、会议室、茶水间,附属功能还可配备资料室、打印室、财务室、休息室、洽谈室、洗手间等。在真实案例的设计中,可依据实际面积及用户的需求增减功能空间(图2-1~图2-3)。

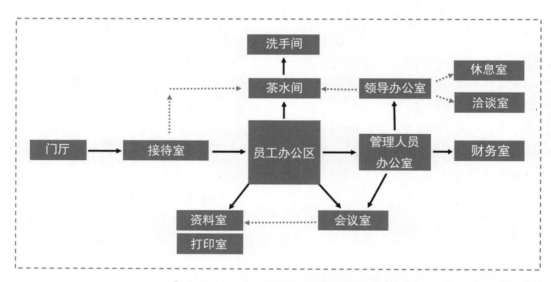

✤ 图2-1　一般办公空间功能区域分析图

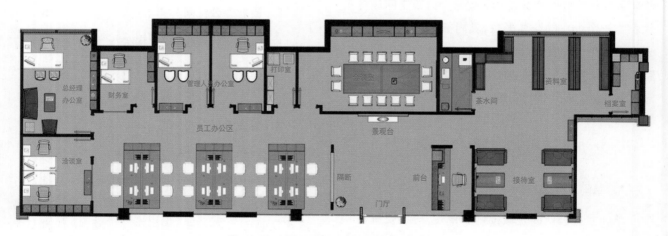

✤ 图2-2　办公空间平面方案(案例一)

下面介绍办公空间主要功能区域设计。

1. 门厅

门厅会给进入办公空间的人留下第一个印象,也是最能体现企业文化特征的地方,因此在设计时需精心处理。在门厅范围内,可根据需要在合适的位置设置前台和等待休息区,还可摆放绿化陈设及相关艺术品,以提高企业的整体形象,增添艺术美感(图2-4)。

40

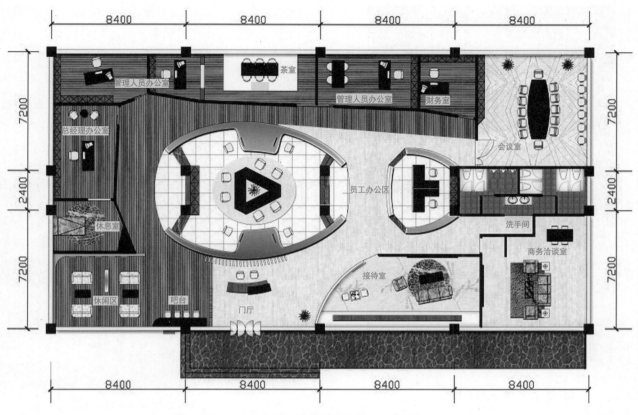

⊕ 图 2-3　办公空间平面方案（案例二）（单位：mm）

⊕ 图 2-4　门厅接待台（绿地创新产业中心／集艾设计）

门厅设计时应注意以下几点。

（1）门厅设计以前台与企业 Logo 形象墙为视觉焦点，将企业的 VI 设计运用到界面装饰设计中，如企业标志、标准色等，结合独特的灯光照明，给来访者带来良好的印象。

（2）门厅的照明以人工照明为主，照度不宜太低，需突出企业的名称和标志。

（3）门厅前台的大小要根据前厅接待处的空间形状和大小而定，一般会比普通工作台长。

（4）前台要考虑设置电源插座、电话、网络和音响插座，还要考虑门禁系统控制面板的安装位置等。较小的企业也可以将整个企业的照明开关放在前台接待处，以便控制照明。

2. 接待室

接待室是洽谈、等待的地方，也是展示产品和宣传企业形象的有利场所，装修往往较有特色，内置组合沙发、茶几、陈列柜、电视等（图 2-5）。

🔼 图 2-5　接待室（济南绿地国金中心国际
　　　创客中心／飞视设计）

3．员工办公区

员工办公区是上班职员工作、学习、交流的区域，是公司办公空间的重要组成部分。员工办公区一般根据工作需要和部门人数，结合建筑结构而设定面积与位置，布局时应合理安排办公桌椅、柜子及通道尺寸，设计形式有封闭式、开放式两种。

（1）封闭式办公空间设计。封闭式办公空间设计主要是满足部门人员独立工作的需求。一些行业或部门不需要过多的合作，为避免打扰，往往选择封闭式的空间格局设计。

（2）开放式办公空间设计。开放式办公空间设计始于 19 世纪末，由于公司的规划越来越大，办公生产越来越集中，于是开放式办公室便应运而生。开放式办公室设计为员工快速高效的联系和协作提供了便利，平面布局上应整齐有序，便于沟通，促进公司整体的工作效率（图 2-6）。

4．茶水间

当前，越来越多的公司注重办公空间人性化设计，茶水间及其他休闲空间可以有效调节工作者的

心情，缓解工作的疲劳和压力，带来舒适又充满趣味的办公环境。办公室的茶水间应配备较有特色而新颖的桌椅、个性化吊灯、操作台、吧台、饮水机、微波炉、冰箱等。为了方便自带午餐的员工用餐，可以在茶水间配备相应的厨房用具，橱柜可用来放置咖啡、白糖、茶包等。在装修色调上可选择清新舒爽的颜色，比如白色、绿色、米色、原木色等色调（图 2-7）。

🔼 图 2-6　员工办公区（济南绿地国金中心国际
　　　创客中心／飞视设计）

🔼 图 2-7　茶水吧（Adobe 的圣荷西新总部办公空间）

5．管理人员办公室

管理人员办公室通常为部门主管而设，一般靠近所管辖的部门员工办公区，可设计成独立或半独立的空间，陈设一般包括组合办公桌椅、资料柜、沙发、茶几等。

6．领导办公室

领导办公室应选通风及采光条件较好，方便工作的位置。面积需宽敞，办公陈设较为高档，办公椅后面可设装饰柜或书柜，增加文化气氛。领导办公空间通常还需要接待洽谈的功能区域，配置沙发、茶几，有些还配置附属卧室和卫生间（图2-8）。

� 图2-8　总经理办公室（蛇口·依云置地创意办公样板／深圳市里约环境艺术设计有限公司）

7．洽谈室

洽谈室是总经理或部门管理人员私密约见客户商谈业务的空间，装修往往较舒适，内置组合沙发、茶几、展示柜、计算机、饮水机等（图2-9）。

� 图2-9　洽谈室（上海研趣品牌设计）

8．会议室

会议室是用户同客户洽谈和员工日常开例会的地方。会议室装修通常用隔墙进行独立封闭或采用玻璃隔断将会议室进行独立。会议室有成套的会议桌椅、投影设备、灯光、音响、空调、饮水机等。会议室墙面的材料一般采用吸音板材，地面采用地毯（图2-10和图2-11）。

🔻 图2-10　会议室（CHINT集团温州办公楼／优鸿设计）

🔻 图2-11　小型会议室（上海研趣品牌设计）

第三节　办公空间家具陈设参数

（1）前台：高度一般为1150mm，宽度为600mm，员工侧离背景墙距离为1200～1800mm。

（2）办公区：单人办公桌长为1500～1800mm，宽为700～900mm，高为750～800mm。办公椅长为450～550mm，宽为450～550mm，高为

450mm。主通道宽度至少为 1800mm,次通道宽度为 1200mm。

（3）茶水间：操作台高为 750 ~ 800mm,宽为 600 ~ 800mm。

（4）沙发：单人式长为 600 ~ 800mm,双人式长为 1200 ~ 1500mm,三人式长为 1700 ~ 1900mm,四人式长为 2300 ~ 2500mm;深为 800 ~ 900mm,高为 400 ~ 450mm。

（5）茶几：小型长方形茶几长为 600 ~ 750mm,宽为 450 ~ 600mm,高为 400mm。中型长方形茶几长为 1200 ~ 1350mm,宽为 500 ~ 650mm,高为 400mm。大型长方形茶几长为 1500 ~ 1800mm,宽为 600 ~ 800mm,高为 400mm。圆形茶几直径为 800 ~ 1200mm,高为 400mm;方形茶几宽为 900 ~ 1500mm,高为 400mm。

（6）资料柜：高为 1800mm,宽为 1200 ~ 1500mm,深为 450 ~ 500mm。

办公空间办公活动区尺寸（单位为 mm）参考如图 2-12 ~ 图 2-15 所示。

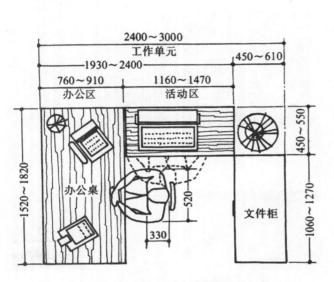

⊕ 图 2-12 员工 U 形工作台尺寸空间

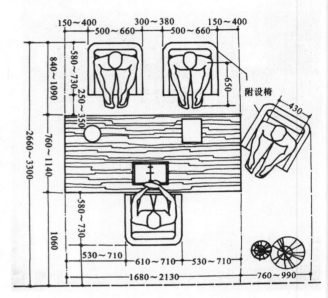

⊕ 图 2-13 经理办公区尺寸空间

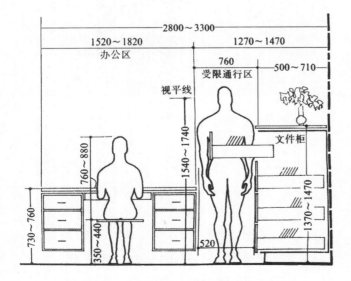

⊕ 图 2-14 办公桌与文件柜间距尺寸

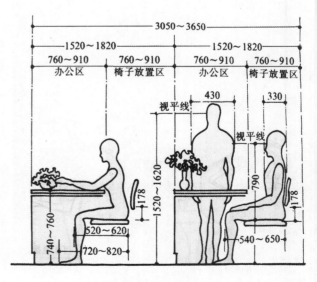

⊕ 图 2-15 相邻工作单位间距尺寸

第四节　办公空间室内界面材质应用

一、办公空间的界面材质

1．办公空间的吊顶材质

办公空间的吊顶应简洁、大方。一般可采用轻钢龙骨石膏板、防潮钙化板、矿棉吸音板、铝扣板、矿岩板、金属板、铝格栅等材料装修吊顶。其中矿棉吸声板的吸音指数最佳，可有效隔绝设备震动引起的建筑构件噪声和吸收来自地面的工作噪声。吊顶的照明一般采用格栅灯、吸顶灯，局部采用防爆灯、筒灯、轨道灯、LED 灯带等。

2．办公空间的立面材质

办公空间立面墙体一般采用水泥漆、乳胶漆、壁纸、无纺布等材质饰面；局部可依据装饰的需要，采用吸音板、烤漆玻璃、铝塑板、木装饰面板、石材等。

在空间立面的隔断上可采用轻钢龙骨石膏板隔断、不锈钢钢化玻璃隔断、双层玻璃隔断、移动屏风隔断等。

3．办公空间的地面材质

（1）大厅及接待室的地面可用大理石或瓷砖铺贴；

（2）员工办公区的地面可采用方块毯、瓷砖、PVC 地胶板铺贴；

（3）经理办公区、管理人员办公区、财务室的地面可用大理石、复合木地板铺贴；

（4）会议室及贵宾接待室、洽谈室、休闲室的地面可用地毯铺贴；

（5）茶水间、洗手间、资料室、打印室可用瓷砖铺贴。

二、办公家具的材质选择

（1）原木家具：东北松、美国松、红木、榉木、象牙木、酸枝木、紫檀木等。

（2）板式家具：夹层板、中纤板、高密板、刨花板、细木工板、集成板、烤漆板、三聚氢氨饰面板、亚克力板、各类贴面板等。

（3）金属家具：多为薄铁喷漆或不锈钢材料制作。

（4）混合材质家具：由金属、木料、胶合板、玻璃、塑料、石材、人造革或真皮等两种以上的材料构成。

第五节　办公空间色彩设计

和谐的色彩使人在办公环境中能产生积极、明朗、轻松、愉快的心情；不和谐的色彩则相反，它使人感到消极、抑郁、沉重、疲劳。办公空间一般遵循以中性色或自然色为主，在设计风格上，现代简约风格或工业风格较为实用。

在办公空间色彩设计时，既要明确层次关系和视觉中心，又要防止呆板，应尽力营造轻松活跃的办公室装饰效果。从空间的界面及办公设备方面分为背景色、主体色、点缀色三种色彩，具体搭配方式如下。

（1）背景色是整个空间中面积最大的色彩，主要用于吊顶、墙面、地面，一般选用低饱和度的色彩。

（2）主体色是在背景色的衬托下，体现室内色彩的主导印象，色彩要比背景色鲜明，彩度也高。例如，家具常成为控制室内总体效果的主体色彩，这类色彩大多考虑家具的材质用色，如木材、皮革、布艺等。

（3）点缀色是作为室内重点装饰的色彩，其色彩较为强烈、鲜明，常用在某个隔断、装饰品等处。

第六节 办公空间消防与其他安全因素

一、办公空间的消防

1．消防布局方面

建筑设计和施工一般都要经过公安消防部门的审批和验收，因此必须按消防规范设计。

（1）在一层的建筑平面上，除了主入口，还应留安全出口。

（2）办公空间面积在 60m² 以下的，应设两个出入口。如果只有一个出入口，门的宽度最好在 1400mm 以上。

（3）疏散用的通道最小宽度应不小于 1200mm。

2．用材方面

（1）吊顶材料一般不允许用大面积的易燃材料，如面积较小，则必须按要求涂防火涂料。一般用金属龙骨安装石膏板、防潮钙化板、矿岩板等。

（2）内墙用材一般不允许用易燃材料，装饰装修材料若采用海绵、人造革、织物等，则必须在其表面覆盖专用的防火涂料。

3．电器布线方面

（1）电线必须达到足够线径担负所供电器的用电负荷；

（2）室内布线必须封闭在密封的管道或线槽内；

（3）在连接灯头或开关盒的时候，允许使用少量软管，但不能超过 1000mm；

（4）计算机用电必须由专用的电线供电，并且有独立和可靠的地线；

（5）吊顶照明的日光灯如果采用铁芯变压器，就不能安装在吊顶上，必须安装到吊顶外的铁箱里；

（6）各种开关和插座的配置及选用都必须符合电器安装规范，并且质量可靠。

4．装修造型方面的安全

（1）结构要牢固，如招牌、吊顶等的牢固性；

（2）造型尺度要符合人体功能和使用习惯；

（3）一些锐利坚硬的造型，要尽量避开使用者经常活动的范围；

（4）具备合理的通道和楼梯空间。

第七节 办公空间案例鉴赏

【案例一】名创优品墨西哥办公空间

设计单位：Grupo Lateral Arquitectura y Construcción

地址：Calle Montes Urales, LoMontes Urales, Del. Miguel Hidalgo, CDMX, 墨西哥

类别：办公室室内空间设计

主创建筑师：Daniel Sampson Farji

面积：1400.0m²

项目年份：2018 年

该项目设计了一个高度灵活的工业风格的空间。设计师采用玻璃盒子、格子门、陈列隔断的方式界定了室内办公的各个功能区域，并在开放平面的剩余空间中生成轴线，让空间的工作团队彼此没有隔断，还具有一定的灵活性。在空间色彩及材质搭配方面，橡木材质搭配在浅灰色的背景空间内，温暖而自然，绿植更是为办公空间增添了生机与活力，如图 2-16 ～图 2-25 所示。

【案例二】武汉天悦外滩金融中心

设计单位：久度设计＋壹舍顾问

项目性质：办公空间

项目位置：湖北武汉

面积：12000m²

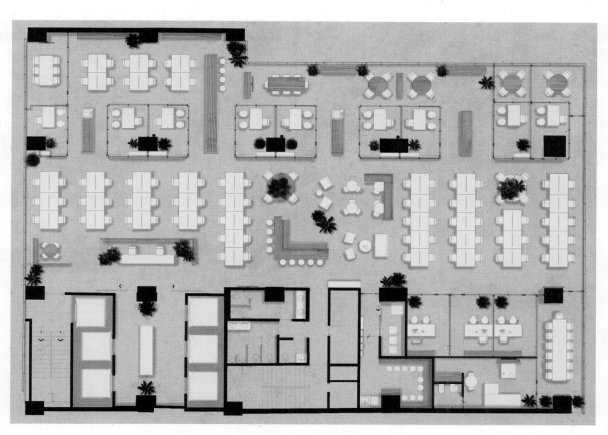

⚙ 图 2-16　一层平面图

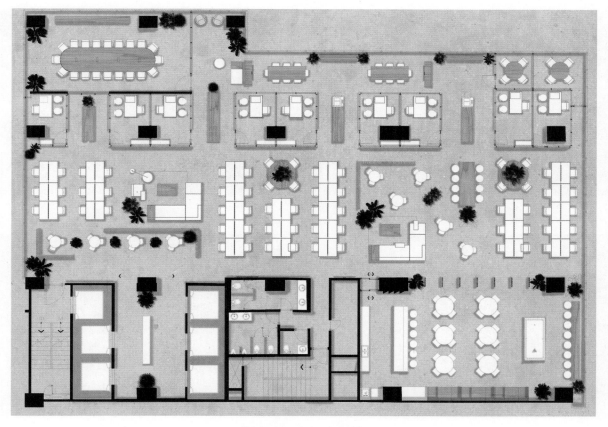

⚙ 图 2-17　二层平面图

⬩ 图 2-18　前台

⬩ 图 2-19　大厅

⬩ 图 2-20　员工办公区（1）

⬩ 图 2-21　员工办公区（2）

⬩ 图 2-22　独立办公区

⬩ 图 2-23　洽谈区

⬩ 图 2-24　吧台区

⬩ 图 2-25　休闲区

本办公空间设计案例功能区域规划合理,分为门厅接待区、员工办公区、会议室、休闲区、茶吧、书吧、汇报厅、经理办公室、贵宾接待室等,体现了舒适、大气、人性化的办公环境。在装饰与设计手法方面,开敞的门厅用大理石搭配装饰板材,呈现出淡雅温馨的空间效果(图2-26~图2-28);员工办公区吊顶采用工业风将管道暴露,墙面应用高纯度色彩的装饰面板,地面铺设人字纹的PVC地毯,塑造了活力、激情的办公环境(图2-29);会议室应用玻璃隔断,形成通透的子空间(图2-30);休闲区、茶吧、书吧、汇报厅这四个功能区以共享空间的设计手法,应用不同材质、色彩、形态的家具组合在一起,营造的工作环境犹如居家生活一样舒适自然(图2-31~图2-34);经理办公室与贵宾接待室设置在大面积的采光玻璃窗旁,吊顶采用石膏板内嵌灯带照明,墙面用灰色的装饰面板、咖色的硬包,搭配室内深褐色的柜体及家具陈设,总体设计效果稳重,格调高雅(图2-35和图2-36)。

⊕ 图2-26 服务台

⊕ 图2-27 门厅

⊕ 图2-28 过道

⊕ 图 2-29　办公区

⊕ 图 2-30　小型会议室

⊕ 图 2-31　办公休闲区

⊕ 图 2-32　休闲区及汇报厅

⊕ 图 2-33　茶吧

⊕ 图 2-34　阅览区（书吧）

🔞 图 2-35　总经理办公室

🔞 图 2-36　贵宾接待室

实训　办公空间设计

办公空间设计要求如表 2-1 所示。

表 2-1　办公空间设计要求

类　别	说　明
项目设计构思	① 分小组考察各类办公空间的实体案例； ② 拟定一个面积约 300m² 以上办公空间 CAD 平面图,选择广告公司、室内设计公司、建筑设计公司、服装设计公司、环境景观设计公司、平面设计公司、动漫设计公司等类型中的一种,作为方案构思的项目； ③ 分析户型结构、环境因素、企业性质、员工数量,构思平面功能布局； ④ 讨论界面处理形式:吊顶、墙面、地面的设计及应用的装饰装修材料,空间主体色调、主体风格的定位； ⑤ 总体设计体现公司的文化形象,具有独特性、人性化、舒适性、环保性等特色
设计内容	① 功能分区图； ② 路线分析图； ③ 色彩分析图； ④ 材料分析图； ⑤ 平面布局图； ⑥ 吊顶设计图； ⑦ 地面铺装图； ⑧ 立面设计图； ⑨ 空间效果图
设计要求	① 满足办公功能,布局合理； ② 制图符合 CAD 设计规范； ③ 色彩与灯光设计合理； ④ 办公材质材料舒适、环保
作品形式	① 用 PPT 展示项目设计构思内容； ② 用 CAD 结合三维软件制作设计图纸； ③ 用 A2 规格展板排版

第三章
公共空间室内设计项目——专卖店设计

核心内容： 了解专卖店的分类、特点、设计元素，掌握专卖店平面功能布局，熟悉基本尺寸、陈列方式、材质应用及界面设计、色彩及灯光设计、橱窗展示等。

实训内容： 实际考察商场专卖店，测量专卖店户型尺寸，了解设计流程，会应用 AutoCAD 及各类三维制图软件设计效果图。

第一节　专卖店设计基础

一、专卖店的分类及特点

专卖店是企业展示产品和销售产品的场所，具有单项经营商品的特点，是构成综合百货商场、商业中心的基本销售单元，形式多样，有男女时装店、眼镜店、首饰店、家居用品、家用电器、家装建材等。专卖店定位明确，针对性强，店内设计需要考虑货物的分类、商品的数量、区域的划分、客流量等因素。

专卖店商品的陈列形式主要分为开架式与闭架式两种，开架式一般不需要服务员服务，让顾客近距离随意挑选货物即可，大多适用于衣服、鞋帽、日常用品等；闭架式需要服务员服务，且不能近距离挑选货柜上、站台上、展架上的商品，多适用于金银首饰、珠宝、手表、手机等小件贵重物品的销售。

二、专卖店设计要点

（1）专卖店的空间设计应根据该经营商铺的性质和服务对象而定。

（2）依据商业的专业性质、场所环境、服务对象、业主要求等信息塑造空间环境。

（3）展示与陈列设计应以突出商品为基本目的，环境气氛及道具的展示设计必须围绕商店的性质和商品特征展开。

（4）专卖店的消防、隔热、通风、采光等设计应符合国家规范。

（5）在相关界面突出品牌形象、品牌定位、海报宣传、VI 系统、企业文化等。

三、专卖店设计要素

1. 功能区

专卖店功能区域一般包含入口、橱窗展示区、陈列展示区、服务台、试衣间、库房、休息区等（图 3-1）。

2. 专卖店入口及橱窗展示设计

专卖店的入口常采用单开或者双开的钢化玻璃门，单开门的宽度一般不低于 900mm，面积更大的商场专卖店入口尺寸更大。专卖店的橱窗设计非常重要，设计师常常通过不断更新橱窗展示物品，调整灯光及摆放装饰物，吸引顾客对商品产生购买欲望。通常橱窗会应用不同季节、色彩、材质、主题的装饰元素进行更新设计，常见的有封闭式、半封闭式、开敞式的呈现方式，具体设计手法可分为以下几种。

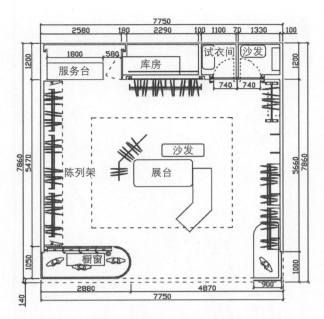

図图 3-1　某品牌服装专卖店平面图（单位：mm）

（1）直接展示。运用陈列技巧，通过对商品的折、拉、叠、挂、堆，充分展现商品自身的形态、质地、色彩、样式等（图 3-2）。

图 3-2　软装专卖店橱窗

（2）寓意与联想。寓意与联想可以运用部分象形形式，以某一环境、某一情节、某一物件、某一图形、某一人物的形态与情态唤起消费者的种种联想，并产生某种心灵上的沟通与共鸣，以表现商品的特

性。寓意与联想也可以用抽象的几何道具通过平面、立体、色彩的展示来表达，橱窗内的抽象形态可以加强人们对商品个性内涵的感受，不仅能创造出一个崭新的视觉空间，而且具有强烈的时代气息（图 3-3）。

图 3-3　服装店橱窗

（3）夸张与幽默。合理的夸张能将商品的特点和个性中美的因素明显放大，给人以新颖奇特的心理感受。贴切的幽默是通过风趣的情节，把某种需要肯定的事物无限变形到漫画式的程度，通常会充满情趣，引人发笑，耐人寻味（图 3-4）。

3．橱窗的布置方式

（1）综合式橱窗布置。综合式橱窗是将许多不相关的商品综合陈列在一个橱窗内，以组成一个完整的橱窗广告，可分为横向橱窗布置、纵向橱窗布置、单元橱窗布置三类。

⬆ 图3-4　男士服装专卖店橱窗

（2）系统式橱窗布置。系统式橱窗一般多出现在大中型店铺中，这类橱窗面积较大，可以按照商品的类别、性能、材料、用途等，分别组合陈列在一个橱窗内。

（3）专题式橱窗布置。专题式橱窗是以一个广告专题为中心，围绕某一个特定的事情，组织不同类型的商品进行陈列，向媒体大众传输一个诉求主题。例如，以庆祝某一个节日为主题，组成节日橱窗的专题；以某项社会活动为主题，将关联商品组合起来；或者根据商品用途，把相关联的多种商品在橱窗中设置成特定场景，以诱发顾客的购买欲望。

（4）季节性橱窗陈列。根据季节变化把应季商品集中进行陈列，如冬末春初的羊毛衫、风衣展示，春末夏初的夏装、凉鞋、草帽展示。这种手法满足了顾客应季购买的心理特点，用于扩大销售。但季节性陈列必须在季节到来之前一个月预先陈列出来，向顾客介绍，才能起到应季宣传的作用（图3-5）。

⬆ 图3-5　女士服装专卖店橱窗

4．专卖店布局形式

现代专卖店将购物上升为一种享受生活的方式，因此需要室内陈设设计加强店内的舒适性与宽敞性，烘托休闲气氛，使购物环境更轻松、有趣。专卖店布局形式主要应用陈列商品用的展架、展柜、展台来塑造，其造型、风格、色彩、材质设计得好坏直接影响整个空间的审美效果。布局形式主要分为直线型、弧线型。

（1）直线型。直线型布局指按照营业厅梁柱结构，把每节柜台整齐地按照横平竖直的方式有规律地摆放，形成一组单元的柜台布置形式。其优点是物品摆放整齐，方向感强，容量大；缺点是较为呆板，变化少，灵活性小（图3-6）。

（2）弧线型。弧线型布局是把展柜、展架、展台设计成弧线形、曲线形的摆放式样和造型的陈列方式。其优点是空间感较为活泼，动感强；缺点是占用空间较大（图3-7）。

🔼 图 3-6　直线型陈列布局（新加坡首家苹果旗舰店）

🔼 图 3-7　曲线型陈列布局（WHAT'S UP/ 迷雾研究所）

5．专卖店的材质应用

（1）墙面材料。专卖店墙面以乳胶漆、艺术涂料、大理石、马赛克陶瓷锦砖、壁纸应用较多。

（2）吊顶材料。专卖店吊顶常用轻钢龙骨、硅酸钙板、矿棉吸音板、金属穿孔板、铝扣板等装修装饰，设计与施工时应注意其造型的设计不与空调风口以及消防喷淋相冲突。灯具一般采用格栅灯、筒灯、LED 节能灯。照明的形式分为整体照明、局部照明、轮廓照明等。吊顶需要有通风系统、消防系统、监视系统、音像等设备。

（3）地面材料。专卖店的地面可铺瓷砖、大理石、PVC 地板等耐磨材料。选用的材料需考虑防滑、防火、耐磨和易清洁的特点。有些高档专卖店也会用木地板、马赛克陶瓷锦砖、钢化玻璃或地毯进行地面铺装，以提升档次。

6．照明设计

（1）一般照明设计。专卖店的一般照明设计应注意把握照明的均匀性，尽量避免选用眩光的格片或暗藏式灯具，可以用光照划分不同的售货区，一般在吊顶上安装格栅灯和筒灯。

（2）重点照明设计。重点照明区域的照度要大于其他区域，如展柜、展架的照明应比通道的照明高。一般情况下，重点照明与一般照明的照度比为3：5。应特别注意照明的显色性要突出商品的质感与立体感，同时避免眩光的产生。灯具一般选用天花射灯、轨道射灯、格栅射灯等，能将一定的光线集中投射在特定区域或商品上。

（3）装饰照明设计。这种照明以装饰为主要目的，不承担基础照明和重点照明的任务，通过灯光的色彩以及智能照明控制系统控制灯光的动态变化，对卖场的地面、墙面、陈列的背景等做特殊的灯光处理，营造特殊的氛围吸引消费者，可选用观赏性的装饰性灯具。

7．专卖店尺寸参数

（1）顾客走道：最小可通行区为 1200mm，单边双人宽为 1800mm。

（2）营业员柜台区：走道宽为 800mm；收银台长一般为 1600mm，宽为 600mm，高为 800 ～ 1000mm。

（3）货架：单靠背货架厚为 300 ～ 500mm，高为 1800 ～ 2300mm；双靠背立货架厚为 400 ～ 600mm，高为 1800 ～ 2300mm。

（4）橱窗：高为 2100mm，宽为 1200mm，长度依据现场户型而定。

第二节　专卖店设计项目案例——服装专卖店

【案例一】英国伦敦 RED Valentino 专卖店

RED Valentino 是意大利经典品牌，位于伦敦，由巴黎设计师 India Mahdavi 负责设计。Mahdavi 成功地把她独特的柔性设计观点注入本项目，立面墙体拐角以曲线造型设计，室内主要应用了粉色的墙布、圆形图案地毯、香槟色金属挂杆、玻璃镜面,软包休闲沙发,使整体空间充满甜美的气息（图3-8～图3-13）。

⊕ 图3-8　服装店内景（1）

⊕ 图3-9　服装店内景（2）

⊕ 图3-10　服装店内景（3）

⊕ 图3-11　服装店内景（4）

⊕ 图3-12　服装店内景（5）

⊕ 图3-13　服装店内景（6）

【案例二】中国香港地区 HITGallery 概念零售店

HITGallery 概念零售店模式来自意大利，2012 年 9 月在中国香港地区建店。店铺的灵感源于意大利超现实主义派画家 Giorgio De Chirico 的绘画作品，他利用夸张的扭曲将现实和虚幻融为一体。室内以对称式的结构沿着墙体设计了蓝色的拱形陈列展示区，地面采用白黑色调的斑马纹瓷砖进行铺贴，让空间人流的导向性充满视觉冲击力。此外，商店的中心位置以摆放人像雕塑作为展示柜设计，给空间注入了生命感与强烈的艺术气息（图 3-14 ～图 3-17）。

✦ 图 3-14　服装店入口效果

✦ 图 3-15　服装店拱形隔断

✦ 图 3-16　服装店人形陈列架

✦ 图 3-17　服装店内景效果

第三节　专卖店设计项目真题实践

【案例三】"达衣岩"专卖服装店设计

项目设计前期主要工作如下。

（1）现场量房,绘制原始平面图（图3-18）。

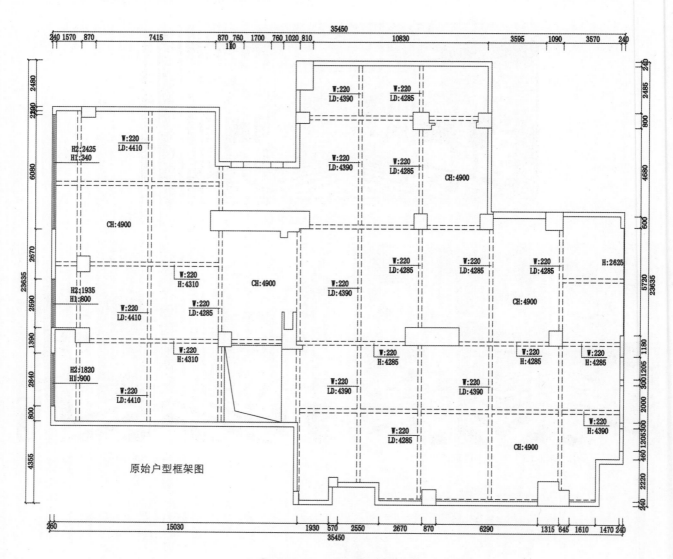

⊕ 图3-18　CAD原始平面图

　　（2）构思设计。围绕"达衣岩"服装品牌定位的现代都市白领阶层消费群体,采用工业风格,在占地653m² 面积的户型中划分了入口展示区、品牌专区、服务台、试衣间、员工休息室、洗手间、库房等主要功能区。该设计方案考虑用黑、白、灰作为设计基础色（图3-19）。材质主要应用亚克力、大理石、铝镁合金、黑钛合金等（图3-20）,表现了后工业时代充满科技感的结构空间,凸显出品牌的知性、时尚及卓尔不凡的气质。

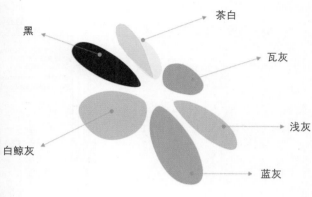

黑
茶白
瓦灰
浅灰
白鲸灰
蓝灰

⊕ 图 3-19　灵感来源

亚克力隔断　　　　大理石　　　　铝镁合金　　　　黑钛合金

⊕ 图 3-20　材质应用

（3）CAD 平面及重点立面绘图设计（图 3-21 ～图 3-26）。

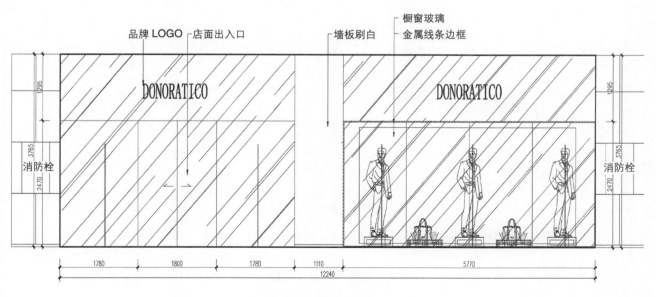

⊕ 图 3-21　专卖店大门设计

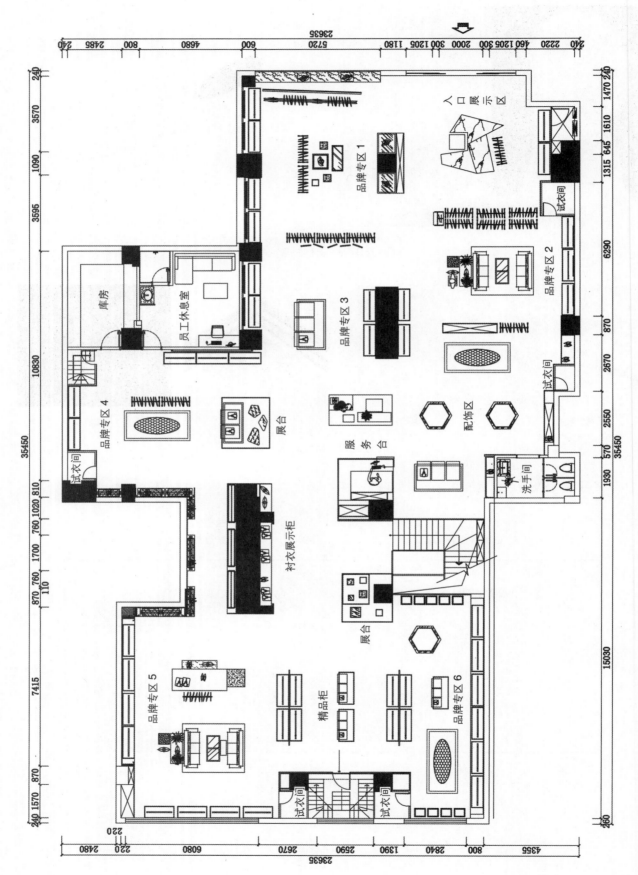

图 3-22　专卖店平面布置图

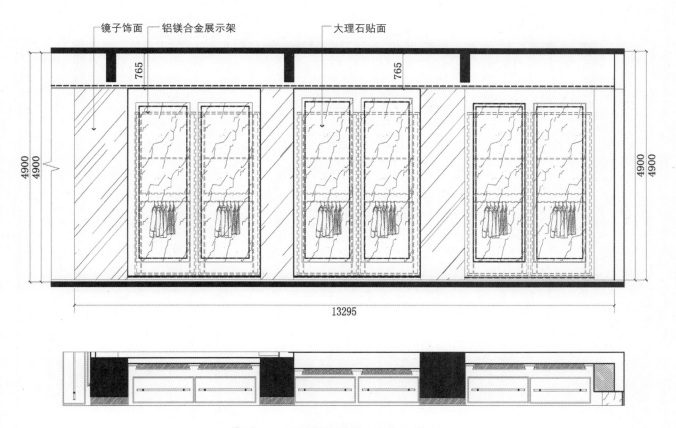

镜子饰面　铝镁合金展示架　　　　　大理石贴面

765　　　765

4900　4900　　　　　　　　　　　　　　4900　4900

13295

图 3-23　品牌专区 1 的展示架立面图

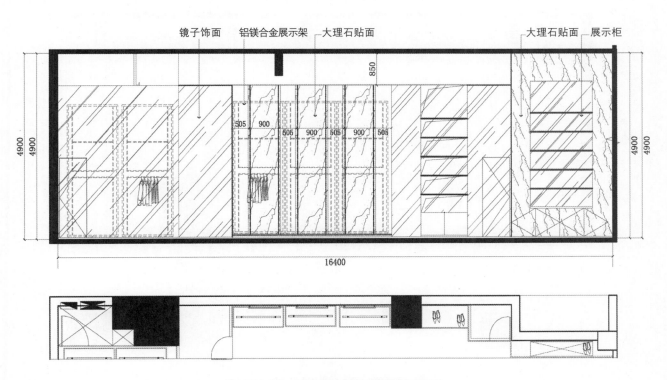

镜子饰面　铝镁合金展示架　大理石贴面　　　　大理石贴面　展示柜

850

505　900　　505　900　505　900　505

4900　4900　　　　　　　　　　　　　　　　　4900　4900

16400

图 3-24　品牌专区 2 的展示架立面图

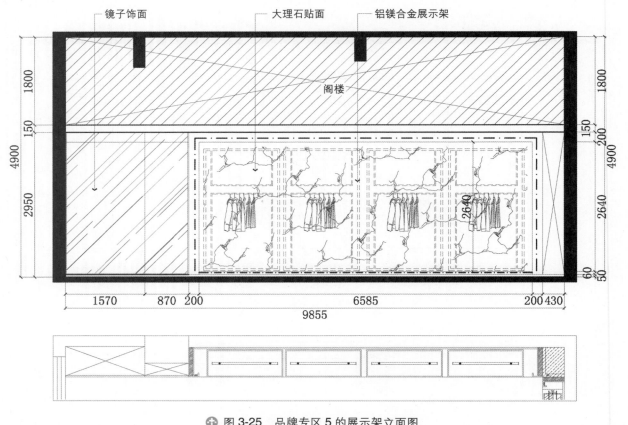

镜子饰面　　　大理石贴面　　　铝镁合金展示架

阁楼

🔆 图 3-25　品牌专区 5 的展示架立面图

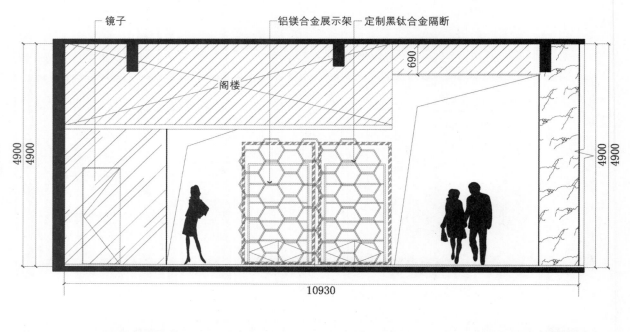

镜子　　　铝镁合金展示架　定制黑钛合金隔断

阁楼

🔆 图 3-26　品牌专区 6 的展示架立面图

（4）效果图表现如图 3-27～图 3-30 所示。

图 3-27 服务台效果图

图 3-28 品牌专区效果图（1）

图 3-29 品牌专区效果图（2）

图 3-30 品牌专区效果图（3）

实训 专卖店设计

专卖店设计要求如表 3-1 所示。

表 3-1 专卖店设计要求

类 别	说 明
项目设计构思	① 考察周边商场专卖店的实体案例,进行记录、拍照。 ② 拟定一个专卖店 CAD 平面图,选择一个自己感兴趣的类型,例如,服装专卖店、手机专卖店、化妆品专卖店等。实际操作中,如条件允许,应做好现场测量、勘察工作,咨询店主的需求,了解专卖店的设计要素、营销目的、设计规范等。 ③ 分析户型结构、环境因素、构思平面功能布局。 ④ 讨论界面处理形式,比如吊顶的设计、墙面及地面应用的装饰装修材料、空间主体色调、主体风格的定位等
设计内容	① 品牌分析图。 ② 路线分析图。 ③ 功能分析图。 ④ 色彩分析图。 ⑤ 材料分析图。 ⑥ 平面布局图。 ⑦ 吊顶设计图。 ⑧ 地面铺装图。 ⑨ 立面设计图。 ⑩ 空间效果图
设计要求	① 布局合理,满足顾客挑选商品的需求。 ② 制图符合 CAD 设计规范。 ③ 色彩、材料、灯光设计合理。 ④ 设计具有独特性、艺术性,体现商品形象等特色
作品形式	① 用 PPT 完成项目设计构思内容。 ② 用 CAD 结合三维软件完成整套方案设计内容制作。 ③ 用 A2 规格展板排版设计说明及重点图纸内容

第四章
公共空间室内设计项目——餐饮空间设计

核心内容：主要介绍餐饮空间基本的功能布局、空间尺寸、环境设计及各类餐饮空间的设计风格与特色等内容。

实训内容：实地测量餐饮空间设计户型，掌握餐饮空间功能分区布局，合理应用材料、色彩进行装饰装修，能够应用 AutoCAD 及三维制图软件进行效果图的表现。

第一节　餐饮空间概述

一、餐饮空间的经营内容及功能分区

餐饮空间不但是日常用餐的场所，同时也是交流、娱乐、休闲、团聚的重要场所，它是体现文化生活的一种方式。现代都市生活极大地丰富了人们的饮食文化，人们可以按照各自的生活习惯、不同的活动主题，选择不同的餐饮类型。常见的餐饮空间经营项目包括中餐厅、西餐厅、自助餐厅、酒吧、茶吧、咖啡吧、快餐厅、宴会厅、火锅店等，散客座椅数量一般为 2 ~ 4 人 / 桌，团体客座椅数量一般为 6 ~ 12 人 / 桌。

依据经营项目，餐饮空间的规模在面积上可分为小型、中型、大型。

（1）小型：指 100m² 以内的餐饮空间。这类空间功能比较简单，主要着重于室内气氛的营造。

（2）中型：指 100 ~ 300m² 的餐饮空间。这类空间功能比较多，需进行各个功能分区的流线组织。

（3）大型：指 500m² 以上的餐饮空间。这类空间特别注重功能分区和流线组织。由于就餐管理的需要，室内常用隔扇、屏风、包间等形式分隔区域，以提高使用率。

餐饮空间的总体布局是通过顾客使用空间、交通空间、员工工作空间等要素共同创造的一个整体。在这个整体环境中，餐厅的空间设计首先要达到接待顾客和方便顾客用餐的基本要求，同时还要追求更高的审美与艺术价值。餐饮空间的平面功能布局一般包含入口接待区、等候区、服务台、客席区、包间、吧台、配餐间、酒水间、厨房、洗手间、员工休息室、经理办公室、库房等（图 4-1）。通常依据实际面积的大小选择功能性的设计（图 4-2）。

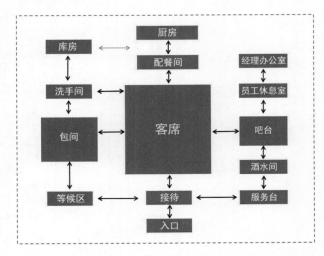

🔼 图 4-1　餐饮空间功能布局

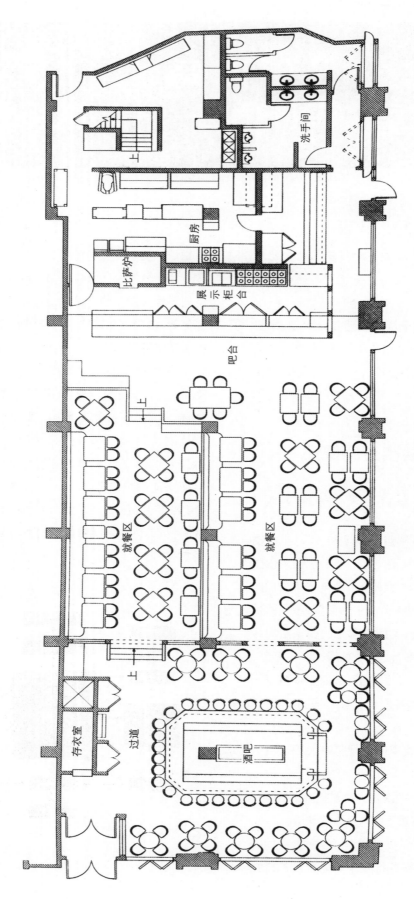

上

洗手间

厨房

比萨炉

展示柜台

吧台

就餐区

就餐区

上

上

存衣室

过道

酒吧

⊕ 图 4-2 某餐饮空间平面设计图

二、餐饮空间主要功能分区设计

1．入口设计

餐饮空间的入口是吸引客人进店和宣传品牌形象的重要窗口，设计时需要考虑外立面、招牌广告、出入口、通道、接待处等，总体装修应保持宽敞、明亮，避免人流拥挤。

2．服务台

服务台是餐厅接待顾客、点餐、结账，体现餐饮服务形象的重要区域，以靠近入口处居多。服务台面一般以实木、大理石、透光石等为主，并配合灯带或者灯管进行装饰。背景需要设置形象墙或者放置烟酒产品装饰墙面。

3．吧台

餐饮空间的吧台一般靠近客席区，配备食品陈列柜、操作台、吧台桌椅等，是为顾客提供餐前、餐后的水果、饮料、咖啡、酒水等区域。

4．客席区

餐饮空间大厅的客席区是营业面积最大的区域，一般以开敞空间进行设计，交通流线通明。室内界面材质尽量耐污、耐磨、防滑、易清洁。

5．包间区

餐饮空间的包间主要为家庭聚会、朋友聚会、商务活动的顾客提供私密的用餐及洽谈环境，室内一般配置圆桌、椅子、电视、音响、柜子、置物架等设施。

6．厨房与配餐间

厨房是餐厅设计的重要区域，其内部空间有烹饪区、清洁区、配餐区、储藏室、休息区等。一般流程为：采购食品材料→贮藏→预先处理→烹调→配餐→上菜→回收→洗涤。厨房应考虑3个进出口，即上菜进出口、回收餐具进出口、原料进出口。配餐间一般配备冰箱、消毒柜、酒水、水果、茶点、餐具、餐车等。

三、餐饮空间界面材质的应用

1．吊顶

按照不同的功能区域，厨房、配餐间、洗手间、库房用集成铝扣板吊顶较为合适；接待区、等候区、客席区、包间区、吧台等其他空间一般选择硅酸钙板、防火纸面石膏板、矿棉吸音板、塑料PVC扣板等材料装修。

2．墙面

餐饮空间的接待区、客席区域、包间区、吧台等重要区域可选用艺术墙漆、硅藻泥、壁纸、石材、装饰面板、镜面玻璃等进行装饰。厨房、配餐间、洗手间、库房用瓷砖进行墙面的装修。

3．地面

客席区的地面常用材料有水泥、水磨石、瓷砖、仿古砖、石材等。

四、餐饮空间的设计原则

（1）餐饮空间的设计需把握"以人为本"的原则，餐桌、座椅的设置及主要通道的设计区域应符合人体工程学，让顾客感觉舒适。

（2）餐饮空间的装饰材料选用应合适，并注重材料的环保性、安全性。界面装修及陈设软装搭配的总体设计应能满足功能和审美的需要。

（3）餐饮空间内必须设计好声、光、热和空调、消防等指标，满足工程技术的要求。

第二节　餐饮空间的尺寸

下面介绍餐饮空间中餐桌和餐椅的参考尺寸。

（1）长方形餐桌尺寸：6人桌为1200mm×800mm，8人桌为1800mm×900mm，高为800mm。

（2）圆桌直径：6人桌为900mm，8人桌为1200mm，10人桌为1500mm，12人桌为1800mm。

（3）正方形餐桌边长：2人桌为600mm×600mm，4人桌为1000mm×1000mm。

（4）酒吧台高为1060～1140mm，宽为600mm；吧台凳高为750mm；搁脚板高为250～300mm。

（5）主通道宽为1200～1800mm，小通道宽为750～900mm。

以下为餐饮空间餐桌椅不同样式的摆放形式及尺寸参考，如图4-3～图4-9所示。

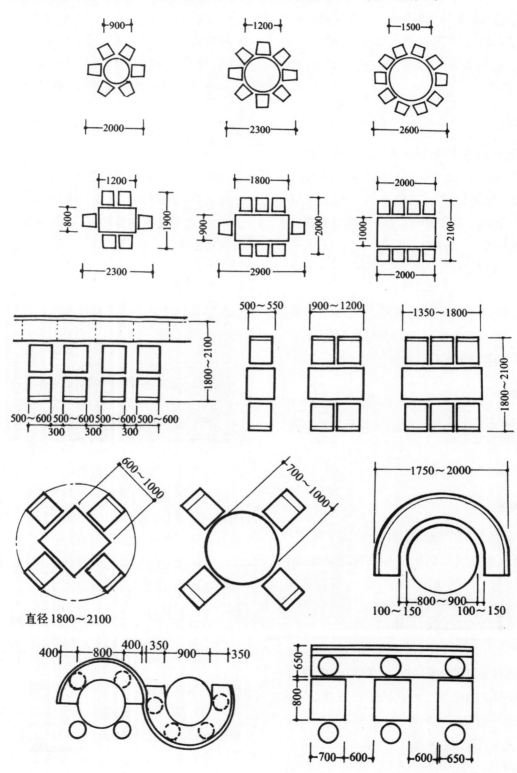

⊕ 图4-3　不同形式的餐桌椅摆放样式与尺寸

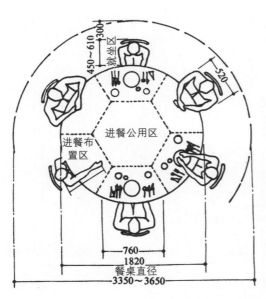

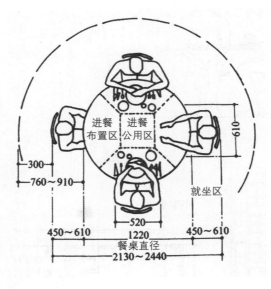

图 4-4 宽敞式用餐圆桌占用空间尺寸

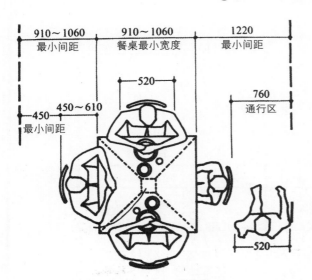

图 4-5 4人用餐方桌占用空间尺寸

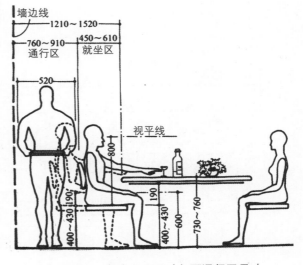

图 4-6 餐桌立面尺寸与可通行区尺寸

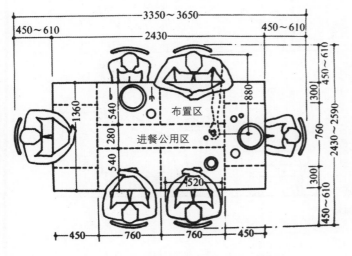

图 4-7 宽敞式长方形餐桌占用空间尺寸

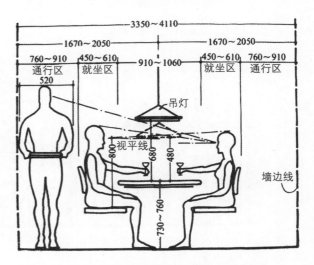

图 4-8 餐桌立面采光与可通行尺寸

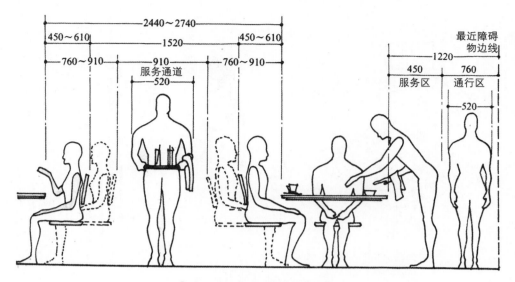

图 4-9　服务通道与就餐尺寸

吧台服务区尺寸参考如图 4-10 和图 4-11 所示。

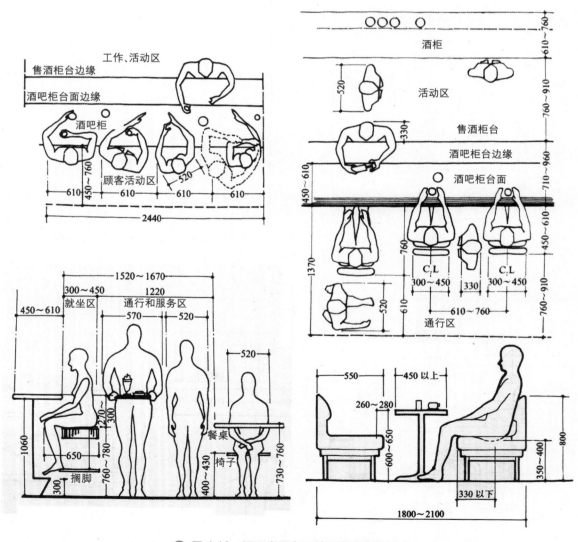

图 4-10　酒吧台服务区域及客席座位尺寸

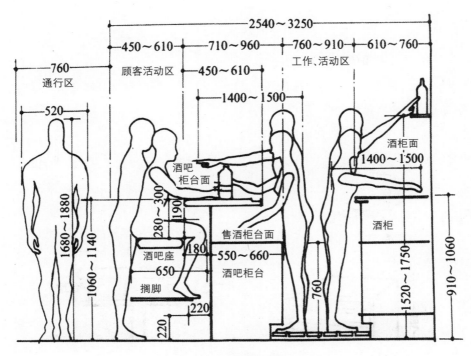

⊕ 图 4-11 吧台服务区域立面尺寸

第三节 餐饮空间环境设计

餐饮空间环境质量的优劣是由许多因素决定的，除了空间大小、家具、装饰材料等硬件以外，还可以通过色彩、光环境、陈设、绿化等方面来营造餐饮空间环境气氛。

1. 色彩

通常情况下，处理色彩的关系遵循"大调和、小对比"的基本原则，即在以大的色块为主色调的基础上，小面积的色调与主色调进行对比。一般餐饮空间的室内色彩多用暖色调，以达到增进食欲的效果，如米黄、柠檬黄、橙色、粉色、玫瑰红、熟褐色等；同时可适当搭配冷色调，如浅蓝、湖蓝、橄榄绿等。

2. 光环境

餐饮空间的光环境大多采用白炽光源，也有采用日光灯光源的，这是由于白色光源具有较强的显色性，不易改变食物的颜色。餐饮空间的照明可以分为以下三大类。

（1）照明光：主要的功能是为整个空间提供足够的照度，以使用功能为主要目的。这类光可以由吊灯、吸顶灯、筒灯以及灯带来提供。

（2）反射光：这类光主要由各类反射光槽来实现，其主要目的是烘托空间气氛，营造温馨浪漫的情调，使整个环境富有层次变化。

（3）投射光：投射光是由各种投射灯具提供。投射光具有吸引视线、限定范围的作用，常用来突出墙面重点装饰部位以及装饰画等。投射光也常用来照亮绿化，营造别具特色的室内气氛。

3. 陈设

室内陈设的摆放对室内环境气氛和风格起着"画龙点睛"的作用。依据风格的不同，陈设的种类也较为丰富，通常根据餐饮空间整体的主题设计而布局。在风格古朴、怀旧的餐厅内，铜饰、石雕、古董、陶瓷和古旧家具是最好的艺术陈设品；在中式餐厅中，青铜器、漆艺、彩陶、画像砖以及书画都是最佳的装饰品；在民族特色菜的餐馆摆设民间工艺品，如刺绣、编艺、蜡染、剪纸等，均有独特的民俗氛围；在西式餐厅摆放石膏雕塑、团花、蜡烛、油画、铁艺摆件等，可突出欧式浪漫的气氛；在现代风格的餐厅中陈设品往往抽象而简单，颇具时尚感。

4．绿化

绿化是室内设计中经常采用的装饰手法，在餐饮空间中的运用非常广泛，包含入口景观的绿化、餐桌的花艺绿化、隔断的绿化、墙角的绿化、顶棚的绿化等。它以多姿的形态、众多的品种和清新的绿色营造宜人的空间环境。

第四节　中餐厅设计

一、中餐厅的布局形式

在我国，中餐厅是以品尝中国菜肴，领略中华文化和民俗为目的，故在环境的整体风格上追求中华文化之精髓。与此同时，中国幅员辽阔，民族众多，地域和民俗的差异很大，因此，中餐厅的空间格局、家具陈设、装饰元素，服装等都应围绕文化与民俗展开设计创意与构思。中餐厅的平面布局依据传统可以分为两种类型：一是以皇家、宫廷建筑空间为代表的对称式布局；二是以中国江南园林景观为代表的自由布局形式。

1．宫廷式

这种布局采用严谨的左右对称方式，在轴线的一端常设主宾席和礼仪台，该布局方式空间开敞、隆重热烈，适用于举行各种盛大喜庆宴席。

2．园林式

这种布局采用园林自由组合的特点，将室内的某一部分结合休闲区设计室内景观，而其余各部分结合园林的漏窗与隔扇，将靠窗或靠墙的部分进行二次分隔，划分出不同的就餐区域；有些就餐区的划分还可以通过地面的升起和吊顶的局部降低来实现。园林式的餐饮空间给人以室外化的感觉，犹如置身于花园之中，使人心情舒畅。

二、中餐厅设计元素

1．界面装饰装修材料

中餐厅在吊顶的造型设计上，通常运用藻井、坡屋顶的造型，以木作、石膏板、竹材为装饰材料。墙面在装饰上以壁纸、石材、瓦片、砖材、木装饰面板为主要材料，图案以山水纹、植物花卉、建筑风景为主要题材。地面大多通过铺贴瓷砖、水泥板、瓦片、青砖，营造古朴、素雅的空间环境。

2．色彩

古典的中式餐厅常以白色、灰色、黑色搭配喜庆的红色、高贵的黄色来装饰；而现代新中式色彩应用更加丰富，如采用粉蓝色、薄荷绿色、柠檬黄色等进行装饰装修。

3．采光与照明

中餐厅的采光以吊顶或者窗户引入自然光线为宜。照明灯具需结合吊顶的造型与家具款式而定，常见的中式灯具有仿羊皮灯、绸纱工艺灯具、陶瓷灯、竹艺灯、冰花磨砂玻璃灯。

4．装饰陈设搭配

首先，装饰陈设搭配体现在座椅家具的款式上，并在中餐厅的室内设计中占据着重要的地位。中餐厅的家具一般选用改良的明代家具，其造型不繁且更加符合现代人体工程学。为增加舒适度，在坐垫与靠背处可增加布艺软垫，以棉麻或者带有光感的绸布面料为主。

其次，装饰陈设还体现在带有中国特色的工艺品及装饰图案方面。常见的工艺品如古玩、漆器、瓷器、石雕、木雕等，配以传统吉祥图案进行装饰，图案题材包括龙、凤、麒麟、鹤、鱼、鸳鸯等动物图案，以及松、竹、梅、兰、菊、荷等植物图案。这类工艺品体现了拙中藏巧、朴中显美的特色，它们以特有的装饰语言和民族语言，在几千年的民间装饰美术中得以流传，带给人们美好的意寓。

当代的新中式风格设计中针对装饰元素，需要取其精髓，以简化或者抽象的设计手法再现传统文化的意蕴。

三、中餐厅设计案例鉴赏

【案例一】苏州"一城半点"餐饮空间设计

项目业主：苏州思肴餐饮有限公司

项目地址：苏州高新区

项目面积：175m²

空间设计单位：CHAO苏州巢羽设计事务所

项目设计师：梁飞、王星、于爱华

本项目是苏州思肴餐饮有限公司旗下第一个以"一城半点"作为品牌，主营中式面点的实体餐饮店铺。"一城半点"旨在突出"古法研制，点心工坊"的特色，CHAO巢羽设计事务所从"一城半点"的内涵出发，以"一座城市，半点生活"的理念创建全新的餐饮空间。方案设计了4个功能分区，分别是厨房操作区、服务台、就餐区、包间区。项目中使用了白橡木饰面、墙布、白纱构架、木格栅、青砖、夹绢玻璃、水泥砖、喷绘壁布等材料（图4-12～图4-14）。

该项目入口处为手工包展示区，它以最直接的展现方式让客户近距离地亲眼目睹"一城半点"的手工包从揉面、拌馅、包包、蒸包到热气腾腾摆上餐桌的全过程（图4-15）。

进入客席区域，空间颇具展示设计感，现代工业风格搭配部分古法榫卯结构的木构架，传递了"一城半点"的古法研制理念。餐厅空间的立面采用古典造园"窗"的造型来借景，产生隔而不断、相互陪衬的效果（图4-16、图4-17）。包间区域以半封闭手法设计，应用夹绢玻璃屏风、木隔断、红墙营造情感化的空间（图4-18）。

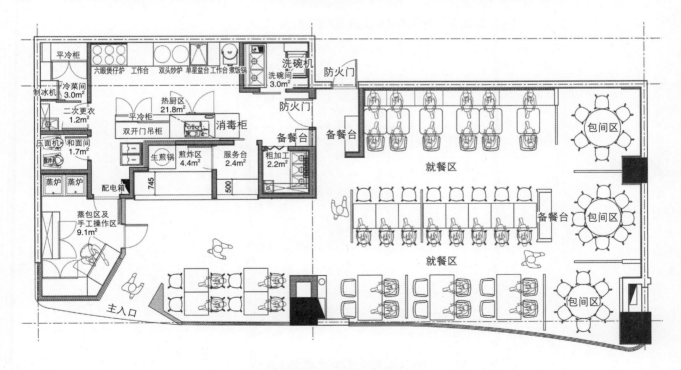

✤ 图4-12　餐厅平面图

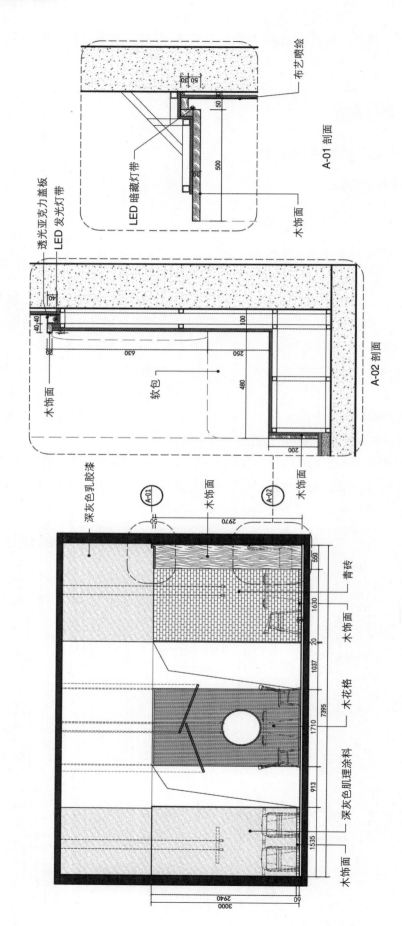

图 4-13 就餐区立面及剖面图（1）

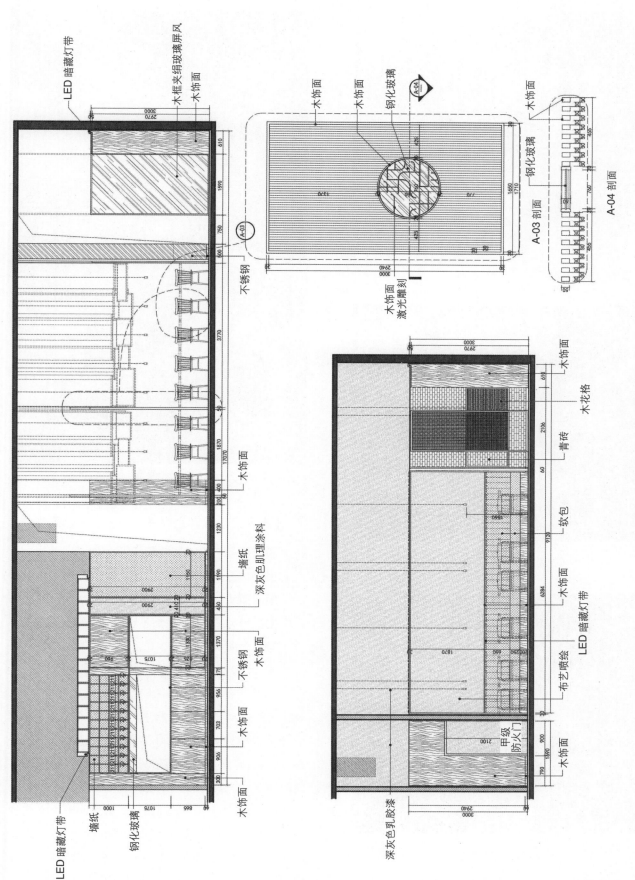

LED暗藏灯带
木框夹绢玻璃屏风
木饰面

不锈钢

木饰面

木饰面

墙纸
深灰色肌理涂料
木饰面

不锈钢

木饰面

LED暗藏灯带
墙纸
钢化玻璃
木饰面

木饰面
木饰面
钢化玻璃
木饰面

A-03 剖面

A-04 剖面

木饰面
激光雕刻
钢化玻璃

木饰面
木花格
青砖
软包
木饰面
布艺喷绘
LED暗藏灯带
甲级防火门
木饰面
深灰色乳胶漆

⊕ 图4-14 就餐区立面及剖面图（2）

🔆 图 4-15 餐厅入口

🔆 图 4-16 就餐区（1）

🔆 图 4-17 就餐区（2）

🔆 图 4-18 包间区

【案例二】深圳喜粤荟（私房菜）餐厅设计

项目位置：深圳福田
设计单位：朗昇设计
项目面积：640m²
主要用材：石材、仿铜不锈钢、木饰面、墙布等
竣工时间：2017 年 10 月
设计案例说明如下。

喜粤荟餐厅坐落于深圳福田区海松大厦一层，设计团队在对该餐饮品牌进行充分了解与分析后，设计师以精致美味的"粤菜文化"为出发点，注入东方文化，定义新中式装修风格，令当代餐厅追崇时尚的同时，用"老味道""老文化"引起人们更多的欣赏和关注，为就餐者提供舒适、精致又兼具文化的空间环境。喜粤荟餐厅以做客式的空间布局，主要以包间的形式运用不同的装饰手法，将顾客引入极致韵味的用餐环境中。餐厅吊顶处主要应用石膏板、

仿铜不锈钢材料进行设计；墙面以墙布、木装饰面板、大理石装修；地面铺设大理石及地毯。在装饰陈设方面，设计师用隐喻的设计手法将具有中国特色元素的挂画、灯笼、水墨画等融入整体设计中，让人不经意间发现隐匿于空间中的东方情怀（图4-19～图4-23）。

✿ 图4-21　包间设计（1）

✿ 图4-19　深圳喜粤荟（私房菜）餐厅入口设计

✿ 图4-22　包间设计（2）

✿ 图4-20　休息区设计

✿ 图4-23　包间设计（3）

第五节　西餐厅设计

一、西餐厅的类别

西餐厅是按照西式的风格与格调，采用西式菜品来招待顾客的一种餐饮模式，依据烹饪方法及服务方式的不同，西餐厅可分为法式、意式、美式、俄式等。西餐厅的装饰风格应与某国民族习俗相一致，应特别注重餐具、灯光、音乐、陈设的配置，就餐环境注重安静、典雅的情调。

二、西餐厅的设计元素

1. 界面设计

西餐厅吊顶的造型，通常有拱券形、圆拱形、井格式等，表面使用石膏板、木制材料铺设，再搭配水晶吊灯，增加空间的豪华感。立面上拱券的门洞、窗户是常用的造型。墙面常采用壁纸、装饰面板、大理石等材料，表层搭配油画装饰，营造出优雅的氛围。柱面常应用陶立克式、爱奥尼亚式、科林斯式的柱式做壁柱，营造仿古、浪漫的空间效果。地面一般选用大理石、瓷砖等表面光洁、易清理的材料，局部可用钢化玻璃结合 LED 灯带，制造浪漫、神秘的气氛。

2. 陈设布局

西餐厅的餐桌以长方形或者圆形为主，搭配桌布、高脚杯、餐盘、餐巾、团花、蜡烛台等。灯具常用圆灯、水晶灯或铁艺结合玻璃的款式。装饰品有雕塑、油画、工艺品、花艺等。

3. 就餐环境设计

西餐厅设计特别强调聚餐单元的私密性，可以通过抬高地面或者矮墙绿化做隔断，让顾客容易感受到所限定的区域范围；还可以利用沙发座椅的靠背形成围合的就餐单元空间。此外，环境的私密性还可以应用灯光的明暗来创造温馨、典雅的就餐氛围，如在餐桌上点缀烛光可以创造出强烈的向心感，

形成私密性。

三、西餐厅设计案例鉴赏

【案例三】 青叶 202 都市餐厅设计

项目名称：青叶 202 都市餐厅（新世纪店）
项目地址：常州市钟楼区新世纪商城 B 座
陈设设计：艺研堂陈设设计
营业面积：360m²
主要用材：玻璃镜面、金属镀铜板、壁纸、木饰面装饰板、涂料、仿木纹瓷砖

青叶 202 都市餐厅用白、尼罗河蓝、灰色调、原木色营造了餐厅典雅、复古、浪漫的气息，加上局部金属材质的点缀，为空间增加设计质感。室内用餐分不同区域，每个区域空间各具特色，有阳光房的采光顶、玻璃镜面装饰的平顶、壁纸结合玫瑰金的钢架设计的穹顶、石膏板材质的平顶四种形式。墙面以大型风景壁纸、原木色装饰面板、玻璃镜面等装饰装修，搭配精美的装饰陈设，处处体现出城市生活的审美情趣与追求（图 4-24 ～图 4-27）。

⊕ 图 4-24　就餐区环境

图 4-25　就餐区（1）

图 4-26　就餐区（2）

图 4-27　包间

第六节　自助餐厅设计

自助餐厅是指客人根据自己口味自选自取餐食的餐厅。随着餐饮行业的发展，物美价廉、食物种类多、供应充足的自助餐厅越来越受到普通消费者的喜爱。自助餐厅的特点是供应迅速，客人可自由选择菜品及数量，以自我服务为主。自助餐厅设计的空间格局以开敞式为主，在设计手法上往往利用吊顶造型或者地面材料及局部的隔断分隔，塑造开放式的虚拟空间。

一、自助餐厅的设计要点

1. 界面设计

自助餐厅十分注重室内的采光、通风与消防，在吊顶设计中常采用工业风格的设计形式，暴露吊顶的各类管道与设备，成本低，方便维修，也可采用防火板、铝扣板装饰；墙面以环保涂料、石材、瓷砖装修；地面通常以水泥板、瓷砖、石材这类易清洁的材料装修。

2．便捷的取餐设计格局

自助餐厅是顾客自我服务的用餐环境，因此首先要考虑顾客取餐的便捷性。一般中心以岛台的形式布局，有长方形、圆形等设计形式。餐桌椅通常有2人、4人、6人的布局，可以应用各类的隔断，在开敞空间中形成子空间的设计格局。

3．合理的交通流线

自助餐厅自我服务模式的另一个特点就是顾客的交通流线，几乎每时每刻都会有人在餐厅内走动，因此设计师必须合理安排动线，并留下足够的空间以便顾客往来。合理的动线取决于有序、有层次的自助餐台摆放。一般自助餐厅提供的食物可以分成以下几类：海鲜、火锅、烤肉、小吃、甜品、水果、饮料和现场制作类。同时设计师还要注意餐台的顺序和距离，尽量舒适、宽敞。

4．色彩

自助餐厅的色彩可以与不同食品呼应设计。如主食、热食以暖色调为主；饮品、凉菜系列可用冷色调，不但为顾客选择菜品提供了更有序且直观的认知性，也使整体空间丰富而富有层次感。

5．灯光

自助餐厅的灯光设计需强调不同用餐区的效果，尤其是直接照明的地方，各种餐饮用具和美味的食物在点光源的照射下，能让菜品显得更加新鲜、美味。晚上，餐桌上的光源应柔和，过强的光线色调会失去菜品原有的特色。

二、自助餐厅设计案例鉴赏

【案例四】杭州多伦多自助餐厅（来福士店）

项目地址：杭州市江干区新业路252号

设计单位：上瑞元筑设计有限公司

主创设计：孙黎明

参与设计：耿顺峰、周怡冰

营业面积：890m²

完成时间：2017年4月

杭州古迹众多，西湖无疑是杭州的代名词。本案提取西湖的"水元素"为设计主线，演绎成"六边形水分子"贯穿于整个空间，打造出丰富、俊朗、明快且充满力量感的自助就餐环境。

餐厅主要用新古堡灰石材、镀铜金属板、钢网、六边形马赛克、六边形地砖（深灰、浅灰）、灰色条形砖、锈镜、复合地板、石英石，打造棕色的就餐环境。六边形水分子造型的钢网曲线勾勒萦绕在吊顶上，用通透轻盈的质感、冷峻的金属，使亲和饱满的餐饮空间平添了一丝贵族气质。锈镜、帷幔、纵向规则的条格与棕色的卡座软包材料自然形成和谐、丰富的情境空间（图4-28～图4-33）。

☻ 图4-28　入口

☻ 图4-29　客席区（1）

图 4-30　客席区（2）

图 4-31　客席区（3）

图 4-32　客席区（4）

图 4-33　客席区（5）

第七节　酒吧、茶吧、咖啡厅设计

一、酒吧设计概念及布局

酒吧最初源于美国西部大开发时期的酒馆，酒吧一词到 16 世纪才被定义为"卖饮料的柜台"，后又随着时代的发展演变为提供娱乐表演等服务的综合性消费场所，约 20 世纪 90 年代传入我国。酒吧的空间设计需强调与周围环境的交流，营造活跃的环境氛围。酒吧的空间布局一般有服务台、吧台席、客席、包间、舞池（表演区）、厨房、酒水间、洗手间、化妆间、经理室、员工更衣室等。

二、酒吧设计的要点

1. 酒吧灯光设计

酒吧灯光设计重点营造室内气氛，涉及灯型、光度、色系、数量等因素，照明常以弱光线为主。

2. 酒吧色彩搭配

色彩是酒吧极为重要的一方面，它会使人产生各种情感，比如，橙色、红色代表热情奔放，蓝色、紫色代表神秘安静。

3. 酒吧重点区域设计

（1）酒吧台。酒吧台的造型有一字形、U形、方形、半圆形、船形等。酒吧台可由大理石、实木、不锈钢、透光石、钛金、玻璃等材料搭配构成（图4-34）。

⬆ 图4-35　散座客席区（宝安·FIT Whisky
酒吧/LSG设计事务所）

⬆ 图4-34　吧台（宝安·FIT Whisky
酒吧/LSG设计事务所）

⬆ 图4-36　包间（宝安·FIT Whisky
酒吧/LSG设计事务所）

（2）客席区。客席区包括散座及包间，散座区的座椅通常由2～4人或6～10人围合成自由型的布局，还可根据酒吧内部空间的大小设计地台式或下沉式的空间。酒吧的包间设计有成套的沙发座椅、茶几、点歌台、舞池、音响等设备。在界面设计的材料应用上有软包、矿棉吸音板、地毯、玻璃镜面、金属、防火板材等材料，既起到隔音的作用，又能让包间环境产生热烈的效果（图4-35、图4-36）。

（3）舞池。舞池是酒吧内的表演区域，一般设置在中心或者有较大背景墙的空间中，舞池吊顶装饰材料一般选择金属或玻璃等材料。地面装饰材料一般选择耐磨、光滑、通透的材料，如钢化玻璃、感应玻璃砖等。此外，各类音像设备材料的安全性、环保性、防火性也是需要关注的重点（图4-37）。

⬆ 图4-37　舞池（上海百乐门舞厅）

三、茶吧设计

茶吧源于中国饮茶文化。茶文化意为饮茶活动过程中形成的文化特征,包括茶道、茶德、茶精神、茶联、茶书、茶具、茶画、茶学、茶故事、茶艺等。中国是茶的故乡,中国人饮茶,据说始于神农时代,闻于鲁周公,兴于唐朝,盛于宋代,普及于明清之时。中国茶的发现和利用已有四千七百多年的历史,中国茶文化糅合佛、儒、道诸派思想,独成一体。茶文化的精神内涵是通过沏茶、赏茶、闻茶、饮茶、品茶等习惯,与中国文化内涵和礼仪相结合而成。

现代茶吧空间大体分为服务区、大厅、茶室、体验区、制作区等。其中大厅是专为多人提供饮茶聊天的空间,客席以开放式散座布局为主。茶室具有一定的私密性,以屏风、推拉门、隔断等方式形成独立的私密空间。体验区以体验泡茶为流程,制作区是为顾客提供制茶的观赏区域。茶吧设计风格有古典园林式、庭院式、现代式等。在室内装修的材质上一般常用青砖、混凝土、瓦片、陶片、仿古砖、水泥砖等这类素雅的材料营造清新淡雅的风格。装饰陈设上利用布幔、漏窗、珠帘、屏风、竹篱、叠石、山水、古筝、琵琶、字画、古典家具、绿植等进行装饰(图4-38)。

✿ 图4-38 品茶室(刘宁设计)

四、咖啡厅设计

咖啡厅的空间设计主要以别致、轻快、优雅为特色,讲求轻松的气氛、洁净的环境,适合少数人交友聚会、亲切谈话(图4-39)。咖啡厅在各国的形式多种多样,欧美的咖啡店很纯粹,以品尝咖啡为主;我国大部分咖啡厅则类似于甜品店。

1.功能区域划分及设计要点

(1)店门设计。店门的作用是诱导人们的视线,应注意Logo的标志及安装的位置。色彩及灯光都是咖啡店门设计的要点。

(2)吧台设计。咖啡厅的吧台不单只是一件家具,需将其融入空间。吧台的位置并没有特定的规则可循,但要考虑排水管的位置,以就近原则设计安装,可利用角落而筑,操作空间至少需要1200mm。台面的深度必须视吧台的功能而定,如果台前预备了座位,台面需比吧台突出,因此台面深度至少要达到600mm。吧台内的酒柜设计时每一层的高度是300~400mm,台面需要使用防火的材质,如人造石、美耐板、石材等。吧台内设备应有咖啡机、冰淇淋机、炸果汁机、冰沙机、蛋糕柜等。

(3)家具陈设。咖啡厅内的座位数应与房间大小相适应,并且比例合适。座席包括散座及包间,散座应注意座椅的风格款式及留给客人的通行区域,散座可以用一些低矮的隔断进行分隔交流;包间是封闭式的,以圆桌为主,桌面会铺设桌布,摆放蜡烛台、花艺等陈设,营造一种温馨轻松的气氛。

(4)厨房。厨房的构成和产品的制作流程与设备布局有关。厨房是否敞开,与供应的产品有关,如果仅仅是供应咖啡则可以用敞开式。咖啡馆后厨主要配有烤箱、烤炉、冰箱、冰柜、电磁炉、煤气炉、清洗消毒水池、消毒柜、储物柜、杂物柜等设备。

2.咖啡吧环境设计

(1)界面设计。咖啡厅的界面设计应符合功能性的需要。吊顶是装修的重点,可以从整体构思,把握造型的繁简和格调,如设计一些凹凸起伏的造型,搭配浮雕或彩画。墙面可用石材、木材、壁纸、涂料等进行装修,如设计墙裙时,其上部的装修应与壁灯、壁饰相结合。地面以各种瓷砖和复合木地板为

图 4-39　欧式风格咖啡厅设计

首选材料,它们都耐磨、耐脏、易于清洗,因而受到普遍欢迎。

　　(2)灯光设计。咖啡馆的灯光总亮度一般低于周围。可使用较柔和的日光灯或者直接照明照射,以显示咖啡馆的优雅特性。灯饰可以纯为照明或兼作装饰用。在进行装置的时候,一般白色、米色等浅色的墙壁,均能反射大量的光线,达 90%;而颜色深的背景,如深蓝、深绿、咖啡色,只能反射 5% ~ 10% 的光线。

　　(3)色彩配搭。从色彩心理学的角度来讲,暖色有利于促进人们食欲,因此在室内界面用色上应采用暖色系为主,以冷色系或中性色为辅的设计手法,如黄色、红色、橙色、褐色、咖色、棕色,适当搭配墨绿、紫色、浅灰、普蓝、白色。咖啡厅的家具陈设可选用一些互补或者同类色来搭配,以互补色为例:猩红色搭配橄榄绿,孔雀蓝搭配爱马仕橙色,玫红色搭配宝石绿等;以同类色为例:浅褐色搭配米黄色,驼色搭配沙色,墨绿搭配豆绿等。

3.咖啡厅设计项目实践案例

　　本咖啡厅包括两层,主要功能分区有接待区、就餐区、自助区、吧台区、储藏室、操作间、洗手间及公共走道区域,实用面积达 448m²。

　　咖啡厅设计空间以欧美电影为主题,色调以咖色为主,以紫色、金色为辅。应用拱形门洞、电影海报与照片墙做装饰,体现出精致、典雅、有内涵的空间氛围。客席区吊顶应用曲线的造型水晶灯具装饰,颇具现代设计感,墙面粗糙的水泥肌理漆与地面抛光的大理石拼花形成鲜明的材质对比。木装饰面板及壁纸的应用,让空间更具优雅格调(图 4-40、图 4-41)。

　　CAD 设计方案图展示(图 4-42 ~ 图 4-46)

✿ 图 4-40 餐厅效果图（1）

✿ 图 4-41 餐厅效果图（2）

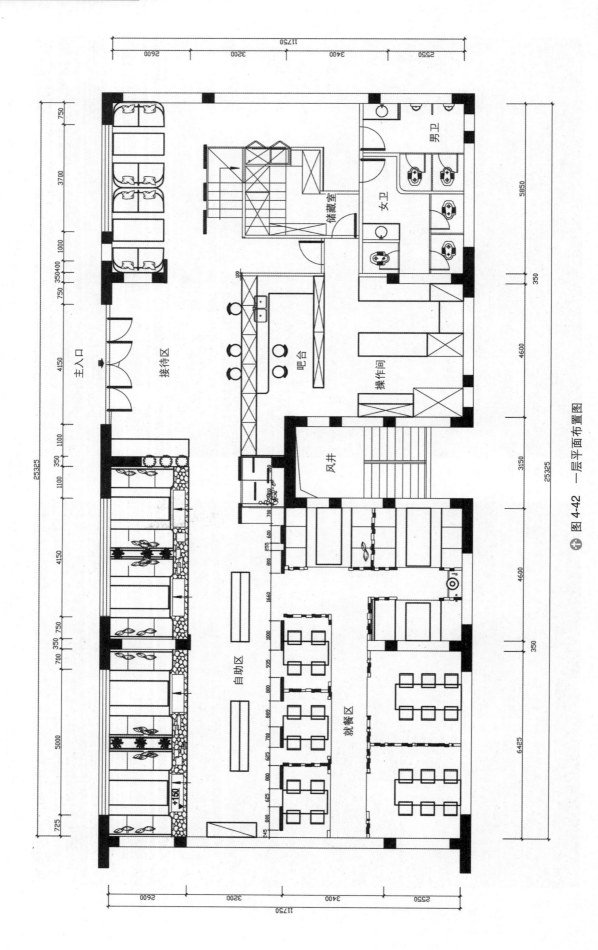

图4-42 一层平面布置图

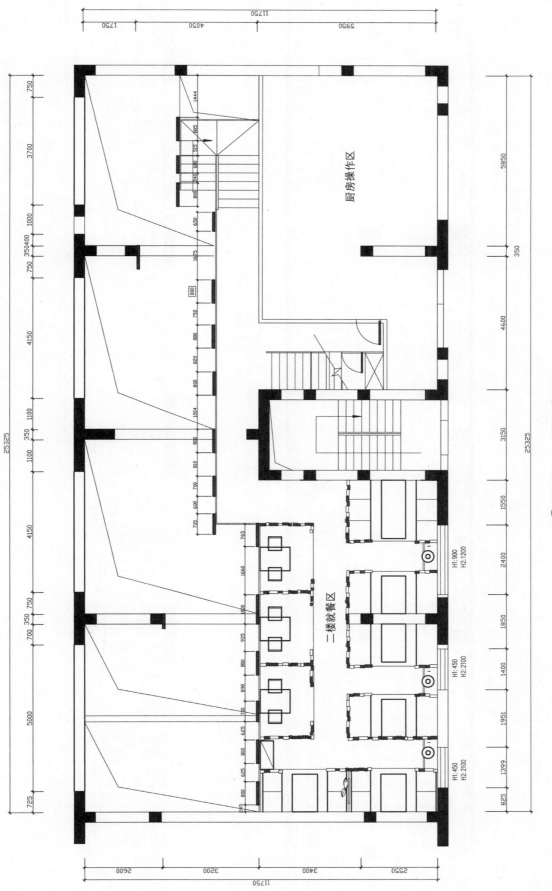

厨房操作区

二楼就餐区

H1:900
H2:1200

H1:450
H2:2100

H1:450
H2:2100

⊕ 图 4-43　二层平面布置图

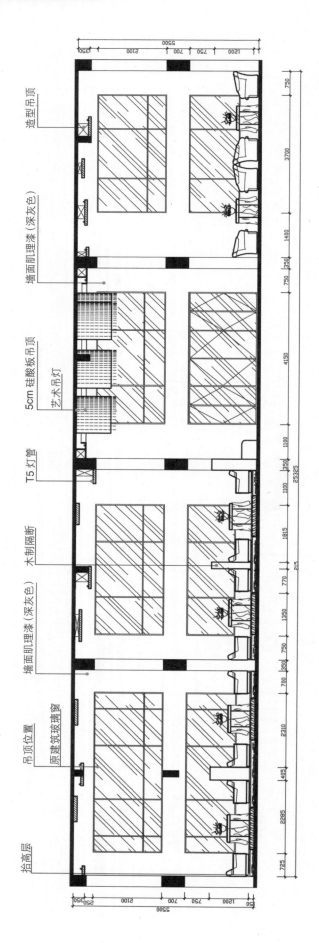
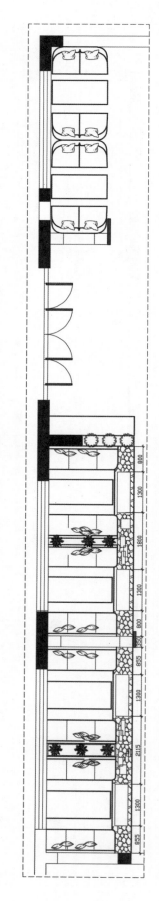

造型吊顶
墙面肌理漆（深灰色）
5cm硅酸板吊顶
艺术吊灯
T5灯管
木制隔断
墙面肌理漆（深灰色）
吊顶位置
原建筑玻璃窗
抬高层

◆ 图 4-44　咖啡厅立面设计图（大门方向客席区设计）

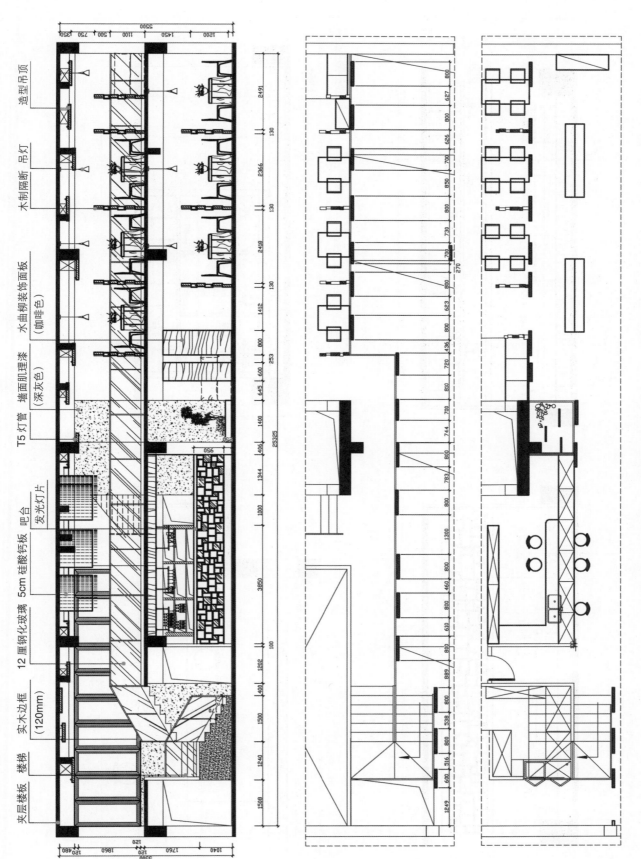

造型吊顶

吊灯

木制隔断

水曲柳装饰面板
(咖啡色)

墙面肌理漆
(深灰色)

T5灯管

发光灯片

吧台

5cm 硅酸钙板

12厘钢化玻璃

实木边框
(120mm)

楼梯

夹层楼板

图 4-45 咖啡厅立面设计图（吧台方向一层及二层设计）

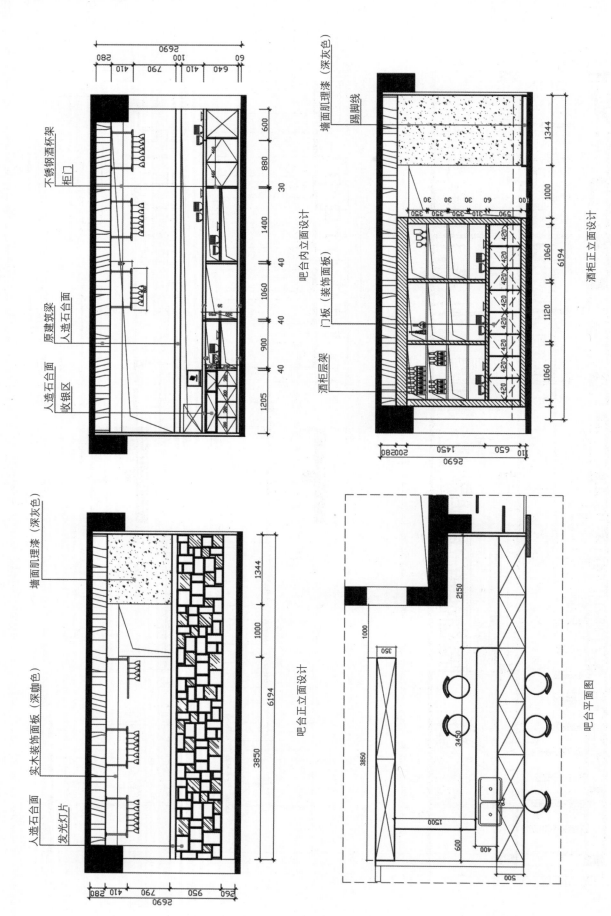

不锈钢酒杯架

柜门

人造石台面

原建筑梁

人造石台面

人造石台面
收银区

吧台内立面设计

墙面肌理漆（深灰色）

踢脚线

酒柜正立面设计

门板（装饰面板）

酒柜层架

吧台及酒柜各立面设计

墙面肌理漆（深灰色）

实木装饰面板（深咖色）

人造石台面

发光灯片

吧台正面设计

吧台平面图

图 4-46　吧台及酒柜各立面设计

实训　主题餐厅设计

主题餐厅设计如表 4-1 所示。

表 4-1　主题餐厅设计

类　别	说　明
项目设计步骤	① 调查、了解、分析餐厅项目现场情况和投资数额； ② 充分考虑并做好原有建筑、空调设备、消防设备、电气设备、照明灯饰、厨房、燃料、环保、后勤等资料的调查工作； ③ 拟定一个独立式的单层空间约 300m² 以上面积的餐饮 CAD 平面图,选择一类主题餐饮空间进行方案构思,例如中餐厅、西餐厅、自助餐厅、咖啡厅、酒吧等； ④ 分析户型结构、环境因素、确定主题风格,表现手法和施工材料,根据主题定位进行空间的功能布局,并做出创意设计方案预想图和效果图； ⑤ 讨论界面处理形式：吊顶的设计、墙面及地面应用的装饰装修材料、空间主体色调、主体风格的定位； ⑥ 总体设计应安全、卫生、环保,基础设施完备
设计内容	① 功能分区图； ② 色彩分析图； ③ 材料分析图； ④ 平面布局图； ⑤ 吊顶设计图； ⑥ 地面铺装图； ⑦ 立面设计图； ⑧ 空间效果图
设计要求	① 满足餐饮空间的功能,布局合理； ② 制图符合 CAD 设计规范； ③ 色彩、材料、灯光设计合理
作品形式	① 用 PPT 完成项目设计构思内容； ② 用 CAD 结合三维制图软件完成设计内容； ③ 用 A2 规格展板排版设计说明及重点图纸内容

第五章
公共空间室内设计项目——售楼部

核心内容：了解售楼部各功能分区设计要点、设计风格,合理地应用人体工程学知识准确处理各空间及陈设的布局形式。

实训内容：考察周边售楼部的户型设计,了解功能分区及设计要点,能够合理地应用 AutoCAD 及三维制图软件设计售楼部方案。

第一节　售楼部基础设计

一、售楼部功能设计

售楼部设计实质可以定义为一个小型建筑体的综合设计,它承载着楼盘形象、客户体验、销售完成等功能,是内部功能高度集中的场所,设计师需要安排好相关动线,考虑聚集较多人群的情况下,如何设定出入、参观、购销的节奏和顺序。一般售楼处功能分区有入口景观区、接待区、展示区(户型沙盘、区域沙盘)、座席区(普通座席、VIP 座席)、水吧、洗手间、办公区(签约区、财务室、经理室、会议室)等。此外依据面积大小还可以增设音像展示厅、儿童休闲娱乐区等(图 5-1)。

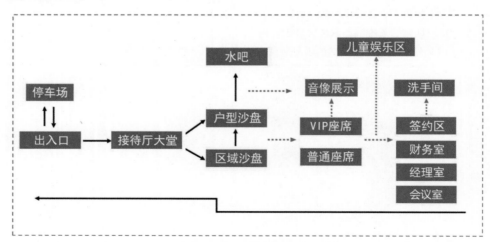

🕀 图 5-1　主要功能分析图

1. 入口景观区

入口景观区是通过售楼处建筑与园林景观的相互融合,制造"城心绿肺"第一品质的感觉,让人进入售楼区域的第一瞬间就能感受到原木、花草所赋予生活的真实内涵,这种里外结合的空间营造方式,既强调室内空间布局的合理规划,又强化艺术、文化气氛的表现,增强了视野的穿透性,让建筑与景观近相呼应(图5-2)。

⊕ 图5-2　入口景观(成都融创青城溪村售楼处)

2.接待区

接待区是项目形象展示的重要组成部分,它包括接待台、接待背景墙、休闲座椅、灯具等。接待台与背景墙应庄重大气,它代表整体房地产楼盘项目的气质与风范。在装饰界面上,吊顶一般以艺术吊灯或者水晶吊灯装饰照明;墙面采用大理石、艺术涂料、砂岩浮雕等材料做装饰;地面一般铺设大理石或者瓷砖。接待区提供人员接待、咨询、登记、派发楼盘资料等服务(图5-3)。

⊕ 图5-3　接待区(甘棠府地产)

3.展示区

(1)区域沙盘展示。区域沙盘是顾客最关注的地方,同时作为整体售楼部的核心区,它最直观地表现项目城市区位,并展示周边交通、教育、配套等设施,有效地体现项目所在区域的价值与升值空间。在界面装饰上有大型吊灯,墙面上会配置电子地形图(图5-4)。

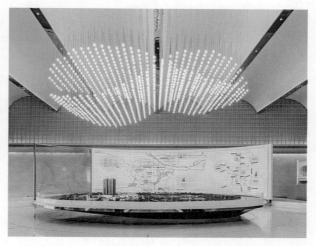

⊕ 图5-4　沙盘展示区(佛山保利云禧/陈峻佳设计)

(2)户型沙盘展示。户型沙盘主要展示楼盘的样板间小模型,让顾客能够全方位观摩户型的格局及朝向,户型模型展示台的高度一般设置为1~1.2m为宜。此外,还可展示开发商对样板间小模型的吊顶、墙面、地面、柱体的剖面样品,接受市场检阅。

4.座席洽谈区

座席洽谈区主要是为客户提供休息、喝茶、洽谈的功能,有意向的客户看完楼盘模型可进入座席区位置进行深度了解和沟通,它是售楼部的重要区域,一般营造成咖啡厅的环境,座位以2~4人为宜(图5-5)。对于一些重要客户或者成交意向明显的客户,售楼部还会设VIP座席区进行接待和洽谈,一般设计成独立包间的形式,主要配置高档沙发、茶几、吧台、杂志架等。在空间界面的设计上,吊顶较多采用石膏板材装饰,地面一般铺设地毯或者大理石(图5-6)。

🔆 图 5-5　座席洽谈区（芜湖旭辉未来云辰地产）

🔆 图 5-6　VIP 洽谈包间（芜湖旭辉未来云辰地产）

以下为售楼部洽谈区家具尺寸。

（1）沙发：单人式长度为 860 ～ 1000mm，双人式长度为 1570 ～ 1720mm，三人式长度为 2280 ～ 2440mm。沙发的深度一般均为 600 ～ 800mm，坐垫高为 400 ～ 450mm，靠背高为 700 ～ 900mm（图 5-7 和图 5-8）。

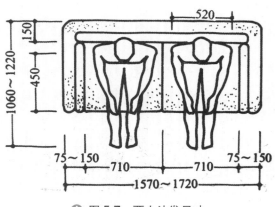

🔆 图 5-7　两人沙发尺寸

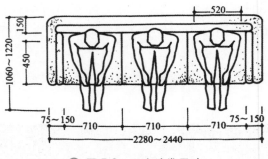

🔆 图 5-8　三人沙发尺寸

（2）茶几：小型长方形长度为 600 ～ 750mm，宽度为 450 ～ 600mm，中型长方形长度为 1200 ～ 1350mm，宽度为 450 ～ 750mm，正方形长度为 750 ～ 900mm，圆形直径常见的有 800mm、900mm、1000mm、1200mm，茶几高度一般均为 300 ～ 450mm。

（3）沙发距离茶几可通行区域尺寸一般为 760 ～ 910mm，洽谈区内人与人交流区域一般为 2130 ～ 2840mm，沙发与沙发可通行区域尺寸一般为 1220 ～ 1520mm（图 5-9 ～ 图 5-11）。

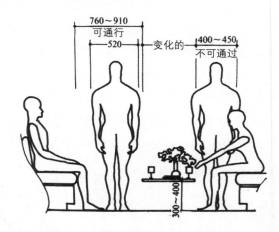

🔆 图 5-9　沙发距离茶几可通行区域尺寸

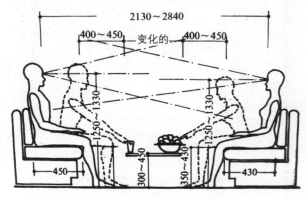

🔆 图 5-10　人与人交流区域尺寸

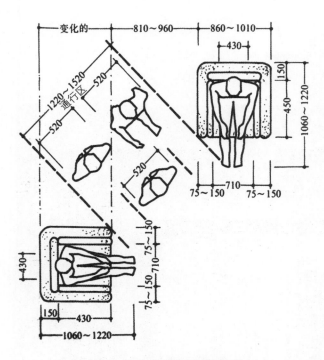

图 5-11　沙发与沙发可通行区域尺寸

5．办公区

办公区为销售人员内部办公区域，包括经理室、财务室、签约区、会议室、销售室、业务员工作室等。办公区要求安静，干扰少，一般隔成单个独立的小空间。其位置与洽谈区保持一定的距离，避免干扰，主要配置有办公桌椅、沙发、茶几、计算机、资料柜等。在布局上，财务室一般紧邻签约区，客户完成签约之后可直接办理缴费业务。

6．水吧

水吧主要为顾客提供茶点、咖啡、水果等甜品服务。位置处于客户洽谈的座席区域附近，一般设置有吧台、酒柜，以及后备操作间。吧台高一般为1000mm左右，宽度为600mm左右，服务员操作区的间距尺寸以1200mm为宜（图5-12）。

7．洗手间

根据场地实际情况，洗手间一般安排在角落位置，设置洗手台、化妆台、蹲便器等基础设施。吊顶采用集成铝扣板材料，地面采用防滑地砖。洗手间整体应保持整洁、干净、通风（图5-13）。

图 5-12　水吧（佛山保利云禧/陈峻佳设计）

图 5-13　洗手间（溪山御景营销中心）

8．音像展示厅

音像展示厅一般配置大屏幕彩电与触摸显示屏，大屏幕彩电主要播放项目的基本情况；显示屏主要方便客户便捷查询楼盘资料信息，包括当地情况，以及发展商、合作商背景基本情况等，使客户对项目有更深入的了解和认识（图5-14）。

图 5-14　音像厅（广州天河金茂府售楼处设计）

9．儿童休闲娱乐区

儿童休闲娱乐区可设置在相对独立的区域,配置安全而无污染的游乐玩具,供儿童玩耍,从而使父母可以集中精力了解项目,延长客户在售楼处的停留时间,同时体现出人性化关怀（图5-15）。

图 5-15　儿童娱乐区（芜湖旭辉未来云辰地产）

二、售楼部风格

售楼部建筑风格需注重与城市园林生态景观风格相融合,重视视觉通透,让景观内外呼应。售楼部内部布置装饰上应全面营造现代时尚、温馨自然、文化浓郁的气氛,增强人们亲近感与文化品位。常见的装饰风格有轻奢风格、简欧风格、东南亚风格等。在室内空间中应注重软装饰陈设的布局,如纱幔、珠帘、文化小品、绿植、装置艺术品等,从每一处细节彰显文化生活品质与居家哲学。

第二节　售楼部案例分析

【案例一】海伦堡浙江宁波象东府销售中心

设计单位：朗昇设计

项目类型：房产销售中心

主创设计：袁静、钟建福、杨镇武

项目地址：中国·浙江

项目面积：620m²

竣工时间：2019 年 1 月

　　本案设计以"城市剪影"作为设计主线，以城市在开发中与自然环境的融合为思考和切入点，融入自然和人文特色。项目采用水泥漆、木方、石材、冲孔铁板、黑钢、铝格栅等材质打造了一个轻松休闲的环境。

　　该售楼部被分为上、下两层，一楼入口主要设置了接待区、办公区、沙盘展示区、客席洽谈区、样板房展示区；辅助空间有吧台、洗手间、杂物间、休息室、设备间（图5-16）；二楼设置了部门经理及销售服务人员使用的签约室、办公室、资料室、会议室、储物间（图5-17）。

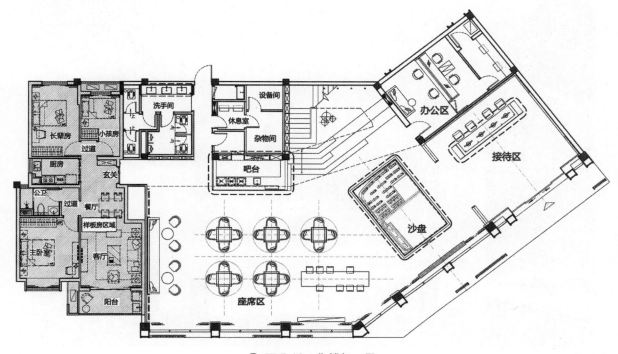

🞛 图5-16　售楼部一层

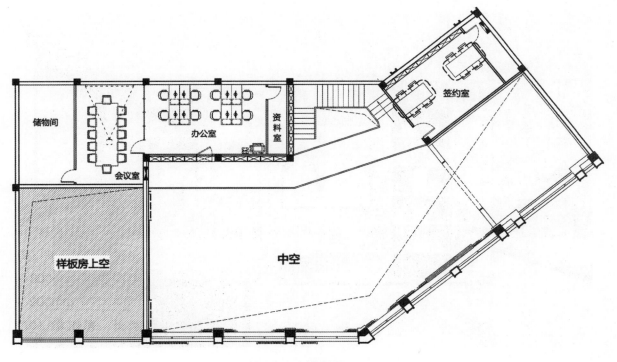

🞛 图5-17　售楼部二层

售楼部在空间设计上突出了人与人的交流，城市与自然的融合。室内的灯光与户外的自然光交相辉映，使得空间更加轻松舒适，近 8m 的挑空，城市、天空、山水、树木、动物、岩石、书籍等元素点缀其中，让复式空间显得透明、开放，营造出独特的艺术气息。在装饰界面上，木格栅的造型取天空描笔之意，高处悬挂的灯饰如青色的竹蜻蜓，栩栩如生，来回飞荡；墙上的装饰画、小动物摆件、绿植造型都体现出自然之美（图 5-18 ～图 5-22）。

图 5-18　接待区

图 5-19　办公区

✚ 图 5-20 沙盘展示区

✚ 图 5-21 客席洽谈区

🔸 图 5-22　吧台区

【案例二】保利天悦销售中心

项目名称：成都天悦销售中心

项目地点：中国·成都

项目面积：1050m²

室内及软装陈设：朴悦设计

主创设计：郭子伟

项目主要材料：石材、古铜钢、皮革、木饰面、墙纸

保利天悦销售中心位于成都城市核心南二环东湖区域，主要功能区域有前厅、接待厅、区域沙盘区、户型沙盘区、洽谈区、水吧区；两侧隔间还有影音室、财务室、物料间、收银室、VR 体验室、洗手间（图 5-23）。

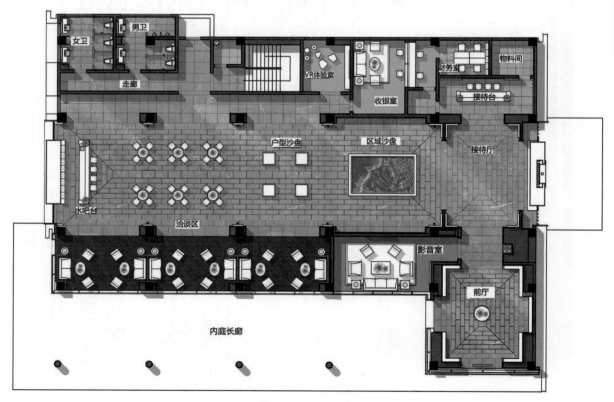

🔸 图 5-23　售楼部平面图

　　不同于以往售楼部热闹张扬的场景，保利天悦售楼空间营造闹中取静的内院环境。进入入口，排列整齐的木格栅，平静中带来舒缓的节奏，以此形成步入的初始印象（图5-24）。进入前厅，浅木色木质格栅自上而下充斥了整个 8m 的挑高空间，建筑元素塑造的前厅展现了自然的亲切和温暖，加之顶灯的渲染，与外部形成了视觉上的差异，令人震撼（图5-25 和图5-26）。

✤ 图5-24　内庭长廊

✤ 图5-25　前厅

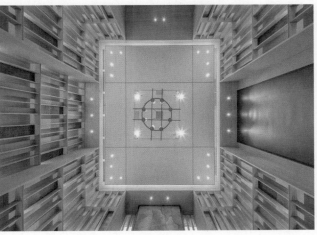

✤ 图5-26　吊顶

　　接待台位于入口对立面的凹槛处,藏而不露,更添几分神秘,半遮掩状的圆形导台被裹挟式藏在身后,同时以灰色墙纸和深色大理石材料进行装饰(图5-27)。室内洽谈区顶部以点状水晶灯装饰,家具选用暮灰色定调空间,体现了现代气息,诠释了空间的安静（图5-28和图5-29）。吧台背景与内部立面应用的木格栅元素,设计手法上再次与前厅形成呼应（图5-30）。

✛ 图 5-27　接待区

✛ 图 5-28　洽谈区（1）

✛ 图 5-29　洽谈区（2）

✛ 图 5-30　吧台

实训 售楼部设计

售楼部设计如表 5-1 所示。

表 5-1 售楼部设计

类 别	说 明
项目设计要求	① 考察并收集售楼部设计案例; ② 拟定一个双层空间面积约 600m² 以上的售楼部 CAD 平面图,进行方案的构思; ③ 分析户型结构、环境因素; ④ 讨论界面处理形式,包含吊顶的设计、墙面及地面应用的装饰装修材料、空间主体色调、主体风格的定位; ⑤ 总体设计温馨、舒适,基础设施完备
设计内容	① 功能分区图; ② 路线分析图; ③ 色彩分析图; ④ 材料分析图; ⑤ 平面布局图; ⑥ 吊顶设计图; ⑦ 地面铺装图; ⑧ 立面设计图; ⑨ 空间效果图
设计要求	① 满足售楼部空间的功能,布局合理; ② 制图应符合 CAD 设计规范; ③ 色彩、材料、灯光设计合理
作品形式	① 用 PPT 完成项目设计构思内容; ② 用 CAD 结合三维软件制作完成设计内容; ③ 用 A2 规格展板排版设计说明及重点图纸内容

第六章
公共空间室内设计项目——酒店、民宿

核心内容：了解现代酒店与民宿的类型、基础设施、功能空间，掌握酒店大堂设计、客房设计、餐厅等空间设计要点。

实训内容：考察酒店与民宿设计项目，了解项目概况、空间功能分区、材质材料应用、不同风格表现，学会应用制图软件设计酒店及民宿项目案例。

第一节　酒店设计概述

我国 20 世纪 80 年代中期开始运营酒店，其设计涉及酒店建设、营运成本、投资与经营。酒店设计前，必须先完成市场调研、酒店选址、酒店定位、酒店规模、项目可行性分析等工作，再依据其功能布局进行分区设计，其中包含酒店规划设计、建筑设计、室内外景观设计、室内装修、机电与管道系统设计、标志系统设计、交通组织设计、管理设计等内容。国内的酒店设计往往是由多家设计单位分项进行，再由多个施工单位进行施工，这些设计和施工没能很好地进行系统性统筹，对比发达国家的设计规划，我们在一些方面还有待提高与改进。

一、酒店的类型

酒店选址应合理考虑当地经济、地域环境、竞争状况、酒店的可见度和形象特征等，根据酒店定位和消费群体的不同，从消费的角度，我们可以把酒店设计分为以下几种类型。

1．商务型酒店

主要以接待从事商务活动的客人为主，一般酒店的地理位置需靠近城区或商业中心区。其客流量一般不会因季节而产生较大变化。客人对客房的要求比较高，酒店内打印、传真、通信、网络、电子视频等设备应齐全。

2．度假型酒店

以接待旅游度假的客人为主，多兴建在海滨、温泉、风景区附近，其经营的季节性较强。度假型酒店的周边需要有优美的自然风景与可以满足旅游者休息、娱乐、购物的环境，使旅游生活丰富多彩，得到精神上和物质上的享受。

3．经济型酒店

经济型酒店也称有限服务酒店，多为出差者预备，服务方便快捷，功能简化，主要提供住宿及餐饮，如快捷酒店、连锁酒店等。

4．公寓式酒店

公寓式酒店既能享受酒店提供的殷勤服务，又能享受居家的快乐。酒店客房一般如同单元房，有卧室、客厅、书房、卫浴间、厨房，是目前家庭出行的首选。

5．主题酒店

主题酒店是针对某些特殊的消费群体，它利用人文、社会流行趋势作为设计元素，集文化性、独特性、体验性为一体,它以酒店文化为基础,以人文为核心,以特色经营理念为灵魂,以独特的品位为表现形式,比较受青年人的喜爱。

二、酒店设计功能

酒店设计决定了一个酒店的接待能力和条件,其设计标准决定了酒店的档次。现在酒店越来越重视居家化、人性化、艺术化、智能化、网络信息化的设计。酒店的功能区域划分包含大堂接待区、餐饮区、住宿区、健身、休闲、娱乐区等(图6-1);此外还有工程保障(锅炉、配电、空调、消防、电梯、水泵)、后勤(厨房、员工宿舍、员工餐厅、员工更衣室)、财务、采购、办公管理等功能及附属设施。

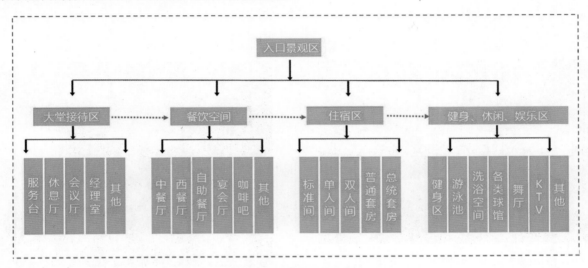

⊕ 图 6-1　酒店基本功能区

第二节　酒店大堂空间设计

酒店大堂(Hotel Lobby)是酒店在建筑内接待客人的第一个空间,是客人对酒店产生第一印象的地方。早期酒店大堂都不大,但却是酒店管理和经营的中枢,在这里接待、休息、登记、结算、寄存、咨询、礼宾、管理、清洁等各项功能齐全。自从美国在 20 世纪 70 年代初出现了酒店发展"大爆炸"的现象后,传统酒店的模式发生了变化,酒店的建设规模越来越庞大,酒店大堂的规模随之扩大,提供给客人的服务功能也增加了许多。现今,酒店大堂基础的服务功能有服务台、休息厅、会议厅、经理室、行李寄存室、洗手间等,依据面积及功能需求还可设置咖啡吧、甜品店、商务中心、小型超市、理发店等服务区。

1. 大堂服务台

从客人的角度出发,酒店服务台是大堂活动的主要焦点,一般位于大堂中心靠后的位置,或者位于大堂侧面,主要为客人提供接待与服务的功能,如咨询、入住登记、离店结算、兑换外币、转达信息、贵重品保存等服务。服务台可以设置为柜式(站立式),也可以设置为桌台式(坐式)。前台两端不宜完全封闭,应有不少于一人出入的宽度,便于前台人员随时为客人提供个性化服务。服务台一般用大理石做台面,内台高为 800mm,外台高 1150mm,距离背景墙应大于 1200mm 的间距。在界面材料设计上,服务台的背景墙是酒店大堂视觉的重点,一般可用高档大理石、实木材料、玻璃镜面、壁纸、巨型壁画、浮雕等装饰装修。同时,注意灯具、灯带的设计,一般可用长形的艺术水晶玻璃吊灯结合筒灯、LED内藏灯带进行搭配设计,营造服务台照明的温馨效果。

2．大堂休息厅

大堂休息厅是出入的客人使用率较高的区域,可用隔断、绿化等陈设与大堂交通部分分开,形成半开敞的空间,主要起到疏导、调节大堂人流的作用,为顾客提供休息的场所。一般配置沙发、茶几、灯具、陈设品和绿化盆栽,地面铺设石材或者地毯,可以使休息功能兼具观赏功能,以赢得客人的好感(图6-2)。

⊕ 图6-2 广州香格里拉酒店大堂

3．会议厅

现代大、中型酒店纷纷在公共部分设会议厅、礼堂及多功能厅,满足客人商务洽谈及各种文化娱乐活动,从而适应现代酒店的多元化发展要求。会议厅一般集中设置在一层或中低楼层,相对独立。需要有良好的隔音效果,吊顶可用矿棉吸音板结合灯带设计,墙面采用隔音板、壁纸、装饰面板等材料,地面铺方毯。家具陈设配置有组合式会议座椅、投影设备、柜子、饮水机等。

4．大堂经理室

大堂经理室一般设置于大堂一角,主要为客人提供服务和维护大堂秩序。大堂经理需要负责酒店一切设备、设施、人员、服务等方面的监督工作;协调各部门的关系,保证酒店以正常的秩序向顾客提供优质的服务,大堂经理室一般配备计算机、座椅、沙发、茶几、饮水机等。

第三节　酒店餐饮空间设计

酒店内的餐饮空间担当着极其重要的角色。随着时代的发展,餐饮的性质和内容也发生了极大的变化,如今它已成为人际交往、感情交流、商务洽谈、亲朋和家庭团聚等活动的场所。因此,人们在此不但有美味佳肴的物质享受,而且具有极高的精神享受。酒店餐饮空间依据面积大小,常见的有中餐厅、西餐厅、自助餐厅、宴会厅、咖啡吧等(图6-3~图6-7)。

⊕ 图6-3 义乌香格里拉酒店中餐厅

⊕ 图6-4 巴黎香格里拉酒店法式餐厅

酒店宴会厅区别于一般餐厅的功能,它往往面积较大,是酒店用于承办各类婚庆活动、公司聚餐,以及进行大型集会、演讲、报告、新闻发布、产品展示、文艺演出、舞会等活动的场所。宴会厅主要由大厅、门厅、主席台、客席、衣帽间、贵宾包厢、音像控制室、公共化妆间、厨房等构成。在空间设计上一般布置得较为豪华隆重，地面以铺设地毯为主；墙面装饰壁纸、软包、艺术墙漆等；吊顶灯饰由主体大型吸顶灯或艺术吊灯搭配筒灯、射灯、壁灯组成，总体空间以暖色调为主。

⚐ 图 6-5　云南西双版纳喜来登度假酒店特色自助餐厅

⚐ 图 6-6　巴黎香格里拉酒店宴会厅

🔷 图 6-7　太原皇冠假日酒店宴会厅（YANG 设计集团）

第四节　酒店客房设计

　　客房是酒店获取经营收入的主要途径,是客人入住后使用时间最长,也是最具有私密性的场所。建筑师在进行建筑平面方案设计时需要考虑为客房提供尽可能恰当的位置、空间、尺寸和景观方向。尽可能节约公用面积,缩短疏散距离和服务流程的交通布局。室内设计师的工作首先是深化所有使用功能方面的设计,然后选定客房的风格,明确客房的文化定位和商业目标,选择正确的用品和陈设品,为客房营造特色。

1．客房功能

　　根据酒店的性质不同,客房的基本功能会有增减。客房内按不同使用功能,可划分为多个区域,如休息区、工作区、洗浴区、休闲区等。

2．客房的种类

　　客房一般分为单人标间、标准间、双人标间、普通套房、总统套房。

　　（1）单人标间：放一张单人床的客房,面积较小（图 6-8 和图 6-9）。

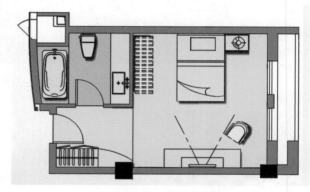

🔷 图 6-8　单人标间平面图

🔷 图 6-9　单人标间效果图

（2）标准间：放两张单人床的客房（图 6-10～图 6-12）。

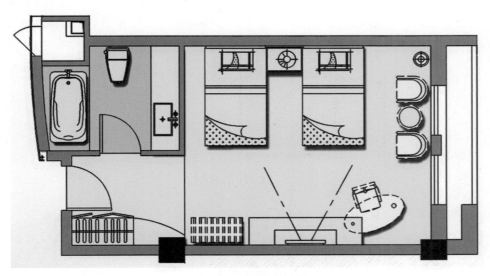

✤ 图 6-10　标准间平面图

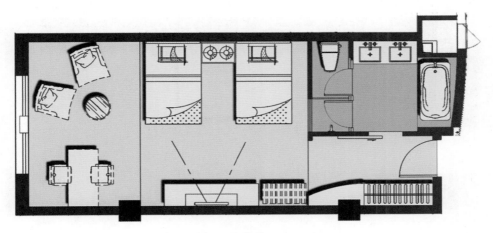

✤ 图 6-11　豪华标准间平面图

✤ 图 6-12　标准间效果图

（3）双人标间：放置一张双人床，可供两人休息的客房（图 6-13～图 6-15）。

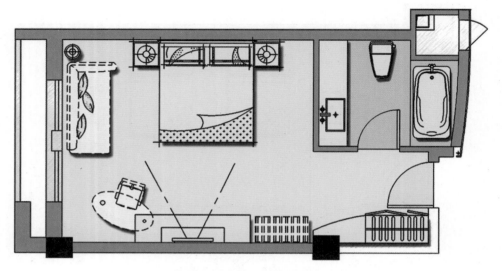

❀ 图 6-13　双人标间平面图

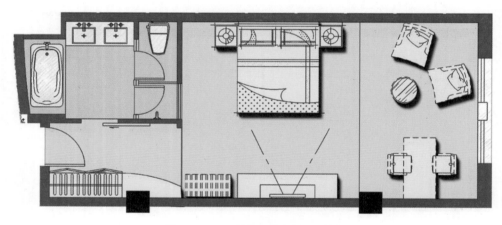

❀ 图 6-14　豪华双人标间平面图

❀ 图 6-15　张家口华邑酒店双人标间

（4）普通套房：按不同等级和规模，有相连通的二套间、三套间、四套间不等的公寓式套间（图6-16和图6-17）。

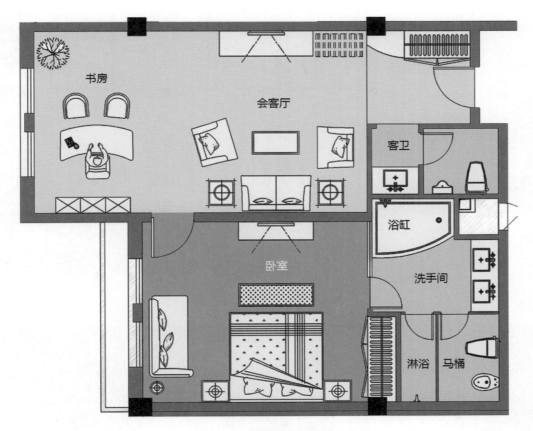

图 6-16　普通家庭套房平面图

图 6-17　三亚海棠湾民生威斯汀度假酒店家庭套房

（5）总统套房：内设卧室、客房、会客厅、吧台、书房，餐厅、厨房、更衣室、沐浴间、洗手间等（图6-18和图6-19）。

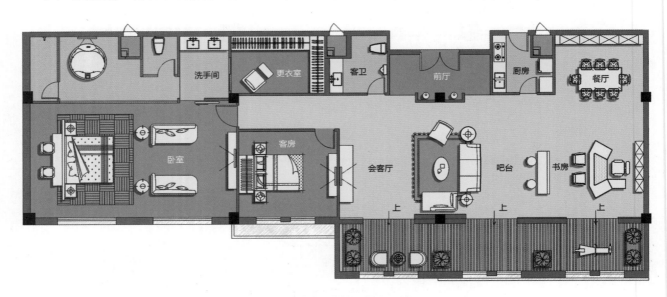

⬆ 图 6-18　总统套房平面图

⬆ 图 6-19　义乌香格里拉酒店总统套房

3．客房陈设

　　一般标准间客房家具陈设有床品、床头柜、梳妆台、电视、电视柜、沙发、茶几、座椅、行李柜、写字台、窗帘、灯具、冰柜、电话等设施。普通套房及总统套房因面积较大，房间数量较多，家具陈设依据不同的功能区有所增加。

4．客房装饰装修材料

酒店客房在材料应用方面，地面一般用地毯或嵌木地板；墙面选用耐火、耐洗的墙纸或涂料、石材、木制板材等，同时应有较好的隔音、防潮、防火效果；吊顶一般使用轻钢龙骨纸面石膏板，面饰白色乳胶漆，顶部依据消防要求安装烟感应器和消防报警器，灯光以LED暗藏灯带与筒灯设计为主。家具款式与窗帘、床罩、沙发面料等织物形成协调的搭配。

卫浴间的墙面及地面一般统一使用瓷砖，地面应低于平面20mm，水泥砂浆找平后进行防水处理，地漏倾斜卫生间地面10%。内置洗漱台，一般用大理石。吊顶选择集成铝扣板或者防水石膏板。

5．客房家具尺寸

（1）单人床：长为2000～2100mm，宽为1200mm，高为450～600mm，床靠高为800～900mm。

（2）双人床：长为2100～2200mm，宽为1500～1800mm，高为450～600mm，床靠高为800～900mm。

（3）圆床：直径为1860～2400mm，高为450～600mm。

（4）床头柜：长为600mm，宽为500～600mm，高为600mm。

（5）电视柜：长为1200～1500mm，宽为450～600mm，高为600～700mm。

（6）写字台：长为1200～1500mm，宽为450～600mm，高为800mm。

（7）化妆台：长为1200mm，宽为600mm，高为800mm。

（8）行李柜：长为800～1200mm，宽为600mm，高为1800～2000mm。

（9）单人沙发：长为860～1000mm，深度为600～800mm，坐垫高为400～450mm，背高为700～900mm。

（10）淋浴房：长为1200～1500mm，宽为900mm，高为2100mm。

（11）坐便器：长为750mm，宽为380mm，高为400mm。

（12）洗漱池：长为600～1200mm，宽为400mm，高为800mm。

第五节 酒店健身、休闲、娱乐 空间设计

酒店健身、休闲、娱乐类的空间是豪华酒店构成的必要条件之一，已成营业收入的重要来源，同时也是酒店等级评价的重要依据。涉及的类型较多，主要有健身房、游泳池、洗浴空间、保龄球室、桌球室、舞厅、KTV等。

1．健身房

健身房通常用来健身康复和进行锻炼活动，有较全的健身器械及专业的教练进行指导。健身器械有健身自行车、划船器、楼梯机、跑步机、小腿弯举器、重锤拉力器、提踵练习器、哑铃、壶铃、曲柄杠铃、弹簧拉力器、健身盘、弹力棒、握力器等。健身房装修应简洁、有序，墙面一般有装饰镜子，地面用木板或地毯铺设（图6-20）。

🔺 图6-20 巴黎香格里拉酒店健身房

2．游泳池

游泳池是人们从事游泳运动的场地，分室内、室外两种，形状较不规则，一般依据水深分为成人池和儿童池，以保障儿童戏水的安全性。游泳池需

配备男女更衣室、淋浴间和卫生间、休闲躺椅、茶吧等（图6-21）。

图6-21　巴黎香格里拉酒店游泳池

3．洗浴空间

洗浴空间应具备洗浴、休息、按摩、健美、消除疲劳等多种功能，洗浴空间由桑拿浴、蒸气浴、水力按摩浴池、普通淋浴、温泉浴、药浴、花浴、休闲空间、更衣室构成。地面与墙面一般采用花岗岩、大理石或瓷砖等防湿材料装修；吊顶宜选防潮湿的铝合金穿孔板或PVC塑料扣板等。洗浴空间清洁度要求较高，因此必须具有良好的排污系统，具备良好的通风条件。在照明布局方面，休息大厅的设计不宜过亮，宜采用多点局部照明方式，按摩室灯光宜设于墙壁上，光线向上，营造舒适、洁净、优雅、安全的空间环境。

4．保龄球室

保龄球室是专为保龄球运动设定的场馆。构成一个保龄球室的基本要素包括场地、球道、保龄球、球瓶、开局计算机、球架、炮台、球道计算机以及保龄球后机设备等。保龄球馆面积应宽敞，空间大，球道由助走用的走道、滚球道和球瓶区构成，长约为20m，宽约为1m。球道材质一般由漆树或松木材料制成。球道及其四周一般采用高档木质地板装修，室内采光应充足，光线要柔和（图6-22）。

5．台球室

台球桌形似长方形会议桌，内框尺寸长宽为2∶1，一般用坚硬的木材制成，如柚木、橡木、柳桉木等。

台面由3～4块石板铺成，再铺粘一层绿色的台泥，增加台面的摩擦力。台球桌台面常见尺寸为长2740mm、宽1525mm、高760mm，摆放台球桌时外框四周一般留出1500mm的打球区域。台球桌的空间采用直接照明，有利于聚光，同时避免刺眼，灯罩距台球桌上方750mm，亮度需要300W左右。

图6-22　北京龙城丽宫国际酒店保龄球馆

6．舞厅

舞厅在设计时应优先安排好大厅舞池的位置，再考虑散座、卡座、包间、吧台等功能区位置，形成一个有序的整体。装修时可结合舞厅的功能需求，适当运用屏风、栏杆、花槽、石景、水景等组织内部空间，或采用地台空间、下沉空间、吊顶造型以增加空间的层次。

在界面空间的材料应用上，依据功能需求，舞厅的地面可采用钢化玻璃、大理石、地毯等材料铺贴；墙面饰以装饰板材、壁纸、软包、石膏花饰、玻璃钢花饰等进行装饰；吊顶最重要的是灯光的效果，常用旋转灯、荧光灯以及闪烁的彩色光源营造舞厅效果。

7．KTV

酒店内的KTV是一个小型的唱吧，包间分为豪华包、大包、中包、小包、迷你包，每个包间的面积和场地都不一样。内部设施一般有点歌台、触摸屏、功放、音响、显示屏、投影机、灯光系统，配套的陈设有沙发、茶几等。室内界面装饰材料及管道、线路的安装都应符合消防要求，具有隔音、吸音、减震的功能,如隔音毡、石膏板、硅酸钙板、实心砖、岩棉板、玻璃棉、穿孔板、软包等。灯光可采用飞碟转灯、光速灯、扫描灯等营造绚丽的色彩空间（图6-23）。

⬆ 图 6-23　恒大酒店 KTV 设计

第六节　酒店设计案例

【案例一】阿拉伯塔酒店

阿拉伯塔酒店,因外形酷似船帆,又称迪拜帆船酒店,是世界有名的七星级酒店。位于阿联酋迪拜海湾,以金碧辉煌、奢华无比著称。酒店建在离沙滩岸边280m远的波斯湾内的人工岛上,仅由一条弯曲的道路连接陆地。酒店共有56层,高321m,酒店的顶部设有一个由建筑的边缘伸出的悬臂梁结构的停机坪。

阿拉伯塔最初的创意是由阿联酋国防部长、迪拜王储阿勒马克图姆提出的。室外建筑由英国设计师汤姆·赖特（Tom Wright）设计,室内由中国香港地区设计师周娟主持设计。酒店正式开业于1999年12月。阿拉伯塔酒店采用双层膜结构的建筑形式,造型轻盈、飘逸,具有很强的膜结构特点及现代风格（图6-24）。酒店将浓烈的伊斯兰风格和极尽奢华的装饰与高科技手段、建材完美结合在一起（图6-25）。

酒店有两处餐厅,一处的海鲜餐厅途径酒店大堂,海鲜餐厅四周的玻璃窗外随处可见珊瑚、海鱼所构成的流动景象（图6-26）;另一处的餐厅位于200m的高空中,以蓝绿为主的柔和灯光,再加上

波浪设计的吊顶,让整个酒店具有奢华的地域风情（图6-27）。

⬆ 图 6-24　酒店建筑

⬆ 图 6-25　酒店大堂

⬆ 图 6-26　酒店餐厅（1）

图 6-27　酒店餐厅（2）

　　酒店室内利用水、火、土、风四大元素，材料上使用各种金箔、银饰、水晶、丝织品装饰酒店的室内客房（图 6-28 ～图 6-30）。客房共有 202 间，全是豪华复式楼层，面积最小有 170m²。最大皇家套房面积达 780m²，位于酒店第 25 层，室内全部是落地玻璃窗，随时可以看到一望无际的阿拉伯海；房内有一个电影院、两间卧室、两间起居室、一个餐厅，出入有专用电梯，室内套房大量运用高科技，遥控器控制房门、窗帘、电视、时钟和 DVD 等多种电子设施，家具及陈设全部是镀金打造，整体华丽非凡（图 6-31 和图 6-32）。

　　除了豪华的住宿条件外，酒店还配套了一系列的娱乐健身设施，有水疗馆、泳池、健身馆、桌球室、壁球场、潜水服务等（图 6-33 和图 6-34）。

图 6-28　套房会客区

图 6-29　套房卧室

图 6-30　套房书房

图 6-31　皇家套房卧室

图 6-32　皇家套房会客区

🔸 图6-33　桌球室

🔸 图6-34　泳池

【案例二】上海养云安缦酒店

安缦作为全球顶级的连锁机构，在中国现有四家，分别是北京颐和安缦、杭州法云安缦、丽江大研安缦、上海养云安缦。上海养云安缦是安缦在中国的第四家酒店，于2018年1月正式开业，地点位于上海市中心27公里外的马桥镇旗忠村。上海养云安缦酒店建筑是从江西原样搬迁而来的明清古建筑，在能工巧匠的打造下，历时15年的时间，将50座古建筑零件，重新搭建出13间古宅院落与24间标准套房，酒店周边移植了上千棵香樟树，使得酒店整体环境意境幽深。建筑大师克里·希尔（Kerry Hill）利用现代化的手法，在古建筑与现代风格中寻求平衡，在保持原民宅风貌的同时，满足了现代抗震、消防、节能等规范的要求，重现了古村落的魂魄（图6-35～图6-40）。酒店以天井为中心的空间设计格局，公共空间居中，私密空间分居两侧。新建的

标准套房与古宅院落建筑的历史感相得益彰，套房均拥有轩敞明亮的卧室、起居空间及独立庭院，设计拒绝繁复并保持简约，体现了安缦标志性的极简主义风格。酒店室内采用原木色、白色、灰色，带来了强烈的东方视觉体验。材质上使用木材、石材与砖呈现原生质感，加上阳光与墙壁、漏窗形成了完美的光影空间（图6-41～图6-44）。

🔸 图6-35　酒店建筑外观

🔸 图6-36　酒店庭院泳池

🔸 图6-37　古宅天井

✪ 图 6-38　古宅客房

✪ 图 6-41　标准套房起居室

✪ 图 6-39　古宅起居室

✪ 图 6-42　标准套房庭格

✪ 图 6-40　古宅餐厅

✪ 图 6-43　标准套房卧室

☝ 图 6-44　标准套房庭院

☝ 图 6-47　理疗室

目前该酒店内配套了舒适的服务设施，包含酒店大堂、会议室、宴会厅、影院、各类餐厅（意餐厅、日餐厅、辣竹中餐厅、湖边咖啡厅）、雪茄廊、商铺零售店、酒水吧、水疗、理疗室、瑜伽室、健身房、室内外泳池、展厅、俱乐部等现代化的休闲娱乐空间（图 6-45 ～图 6-48）。酒店的规划设计集古韵、养生于一体。上海养云安缦创造了中国高端文化品牌，被称为一座"活博物馆"。

☝ 图 6-45　酒店大厅

☝ 图 6-48　展厅

第七节　民宿设计

一、民宿概况

民宿在 19 世纪 60 年代初期起源于英国。英国西南部与中部人口较稀疏，农家为了增加收入开始出租民宿。当时的民宿数量并不多，采用 B&B（Bed and Breakfast）的经营方式，它的性质属于家庭式招待。这就是英国最早的民宿。

现代民宿大多是经营者改良旧宅或者新开发建造的居所，结合当地人文、自然景观、生态、环境资源及农林渔牧生产活动，为外出郊游或远行的旅客提供个性化的住宿，此定义完全诠释了民宿有别于宾馆或酒店的特质，反映了民宿能否实现共生共赢、带

☝ 图 6-46　餐厅

动产业链及当地经济发展的至关因素。我国依据地理位置及服务项目,现代民宿发展的类型有海滨民宿、农舍民宿、传统建筑类民宿、新修建民宿等(图6-49～图6-52)。至2019年7月19日文化和旅游部官网发布公告宣布新版《旅游民宿基本要求与评价》后,国内的民宿更加朝着规范的经营模式发展。民宿作为体验当地自然、文化与生产、生活方式的小型住宿设施,不但兼具传承与保护当地地域文化及营造美学空间环境的作用,民宿的产品设计还成为促进地方经济及社会文化发展的条件之一。综合以上,现代民宿的设计可以从环境条件、建筑载体、室内装修、住宿设施、服务品质、体验生活、文创产品等这几方面进行综合考量。目前国内较热门的民宿有云南丽江古镇的民族风情民宿、皖南宏村具有马头墙特色的徽派民宿、苏州古镇具有文人气息的园林式民宿、浙江莫干山及温州一带的特色民宿等。

🔆 图6-51　束河古镇木栖民宿

🔆 图6-49　平潭北港石头厝民宿

🔆 图6-52　新修建民宿客房

二、设计案例鉴赏:原舍·揽树民宿

项目地点:浙江松阳

项目面积:2000m²

建筑设计:孟凡浩、沈钺

空间设计师:陈骏、王星、梁飞、李安城、周瑾瑜、王景

使用材料:实木、涂料、夯土艺术漆、水磨石、大理石、水泥漆

原舍·揽树所在的椰树村位于层叠交错的茶田

🔆 图6-50　北京常各庄村农舍改造民宿

上,海拔 800 多米,周围青山连绵,常年云雾缭绕,一眼可以望见远处的村庄与田野。在夯土墙、垒石、原木点缀下,民宿外观古朴大方。建筑依着山势一层层错落分布,松阳传统建筑的夯土墙、垒石、小青瓦也被运用得恰到好处,村子里珍稀的百年古树群也被纳入建筑布局,房屋围绕着古树展开。整个民宿完美地与自然融为一体,民宿像是被山川怀抱的理想村落,隐于山中（图 6-53）。

图 6-53　民宿外景

原舍·揽树民宿规划了 17 间客房,每间客房都充满了书香气息,恰到好处地呼应了松阳当地的耕读文化,让人想起古人"矮纸斜行闲作草,晴窗细乳戏分茶"的闲适生活。房间内设备有观景沙发、电视、观景大阳台、书桌、书架、茶席、空调地暖、家具陈设等,家具大部分是由胡桃木制成的,每间房都有观景露台,窗帘一卷,窗外的青山便像画卷一般嵌入房内,融入了"青山作画屏,烹水煮清茶"的山居生活情境。而在服务上,房内的智能家居、高档床品、洗漱用品充分体现了野奢之感(图 6-54 ～图 6-57)。此外,公共区域的设施还有咖啡厅、餐厅、小酒吧、观景露台、露天恒温游泳池 (图 6-58 ～图 6-60)。

图 6-54　出岫山景大床房

图 6-55　特色阁楼客房

👆 图 6-56　观岚私享大床房

👆 图 6-57　观岚私享大床房卫浴间

👆 图 6-58　咖啡厅

👆 图 6-59　餐厅

🔅 图 6-60　露天的恒温游泳池

三、真题设计案例：漳州市东山岛民宿设计

本方案定义为现代简约风格民宿，位于海滨城市福建省漳州市。民宿共三层，面积达 1012m²，庭院以木制休闲平台及绿化营造入户环境（图 6-61）。民宿一楼有吧台、会客厅、茶室、餐厅、厨房、储藏间、员工房、3 间海景房，重点为吧台及会客厅设计，其中，吧台位于入口大厅处，以浅木色饰面定制吧台柜、吧台桌，长凳的墙面以绿植装饰（图 6-62）。会客厅位于一层的中心核心区，顶上运用中式传统天井民居造型，空间采光通透，背景墙以灰色毛石设计壁炉造型，是客人聊天聚会的最佳场所（图 6-63）。

🔅 图 6-61　民宿建筑效果图

🛈 图 6-62　民宿服务吧台

🛈 图 6-63　民宿会客厅效果图

二楼及三楼分别有 7 间海景房,以舒适自然、简约大方为设计理念,墙面以白色乳胶漆搭配素水泥,床与地面材料均以实木板材定制,增加了舒适性(图 6-64 和图 6-65)。

✤ 图 6-64 民宿客房(圆形大床房)

✤ 图 6-65 民宿客房(标准间)

民宿三层 CAD 平面设计图纸如图 6-66 ~ 图 6-68 所示。

民宿空间重点立面图设计如图 6-69 ~ 图 6-74 所示。

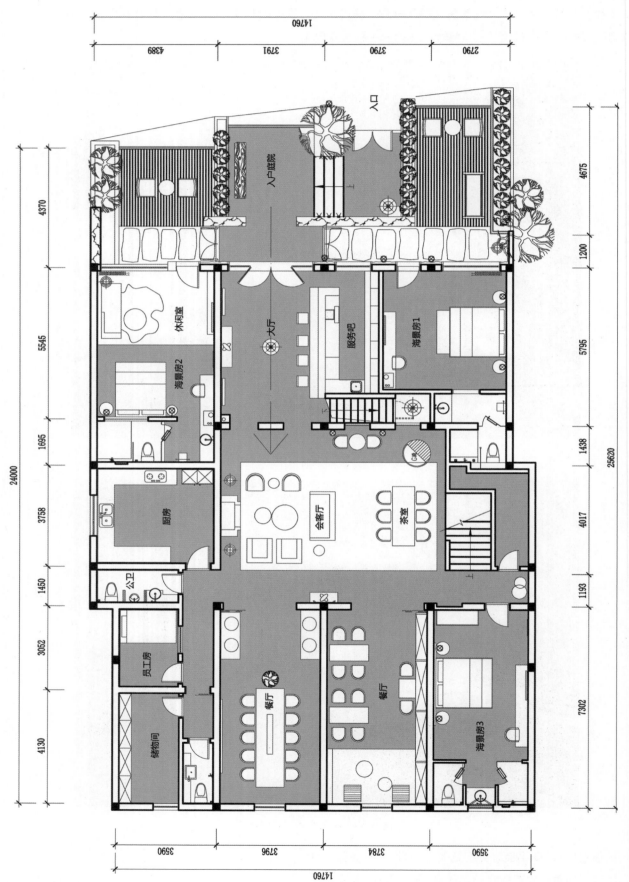

入口

入户庭院

休闲室

海景房2

大厅

服务吧

海景房1

厨房

公卫

会客厅

茶室

员工房

餐厅

储物间

餐厅

海景房3

图 6-66 一层平面布置图

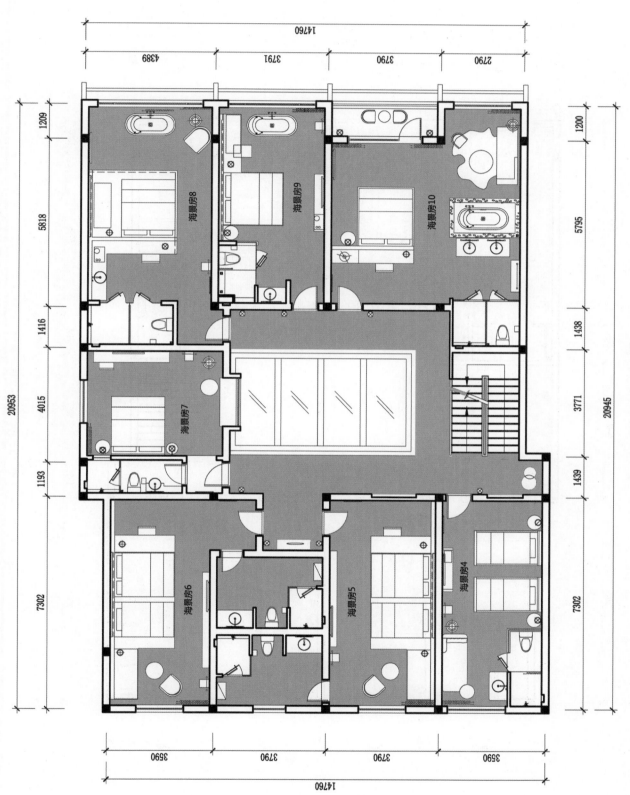

⊕ 图 6-67　二层平面布置图

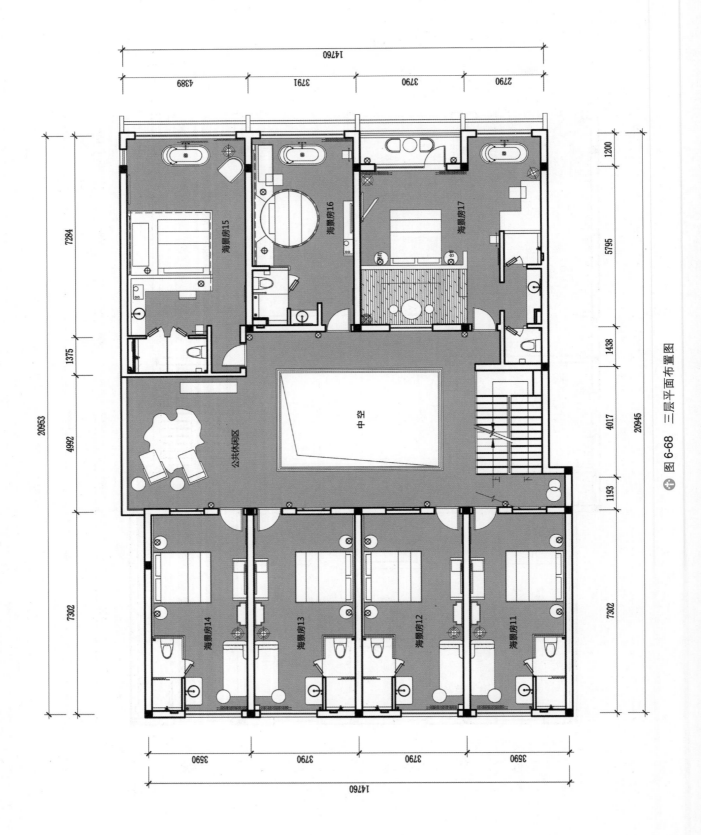

海景房15

海景房16

海景房17

公共休闲区

中空

海景房14

海景房13

海景房12

海景房11

14760

4389　3791　3790　2790

1200

7284

5795

1375

1438

20953

4992

4017

20945

1193

7302

7302

3590　3790　3790　3590

14760

⊕ 图 6-68　三层平面布置图

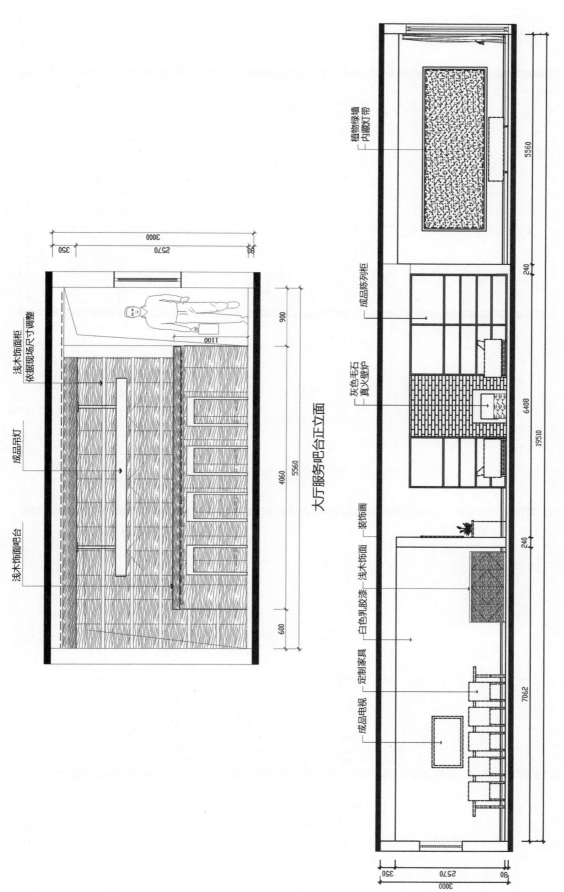

大厅服务吧台正立面

图 6-69　大厅服务吧台正立面和大厅立面图

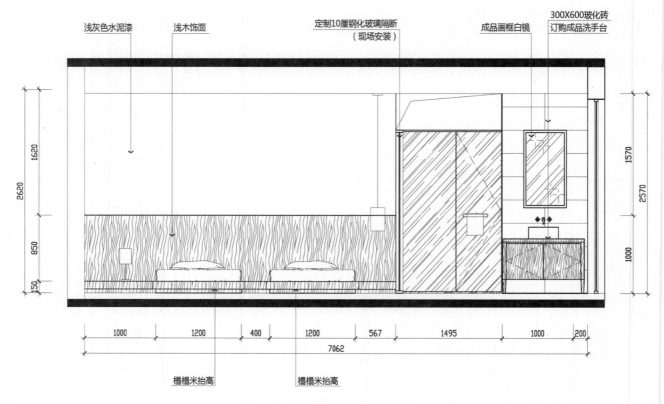

图 6-70　海景房 4 号房立面图

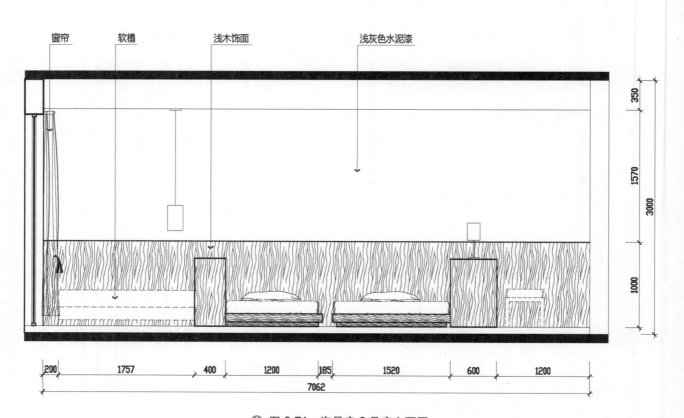

图 6-71　海景房 6 号房立面图

成品花洒　　300×600 玻化砖　　　　浅木色台面　　　白色乳胶漆　　　电视　　　窗帘
　　　　　　　　　　　　　　　　　　　　　　　　　　　　　　　　　浅木色台面

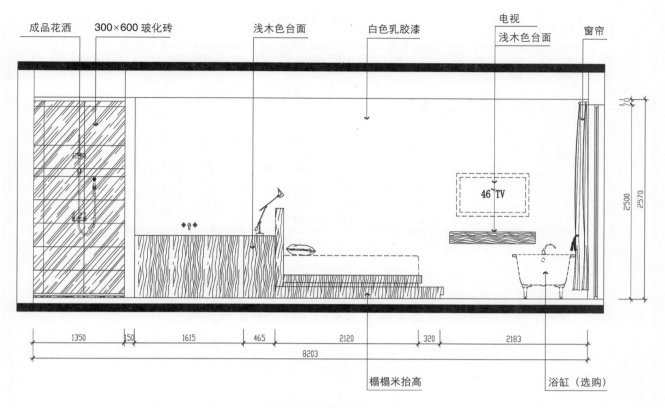

榻榻米抬高　　　　　　　　　　浴缸（选购）

图 6-72　海景房 8 号房立面图

定制10厘钢化玻璃隔断　　浅木色饰面　　浅灰色水泥漆　　浴缸　　窗帘
（现场安装）

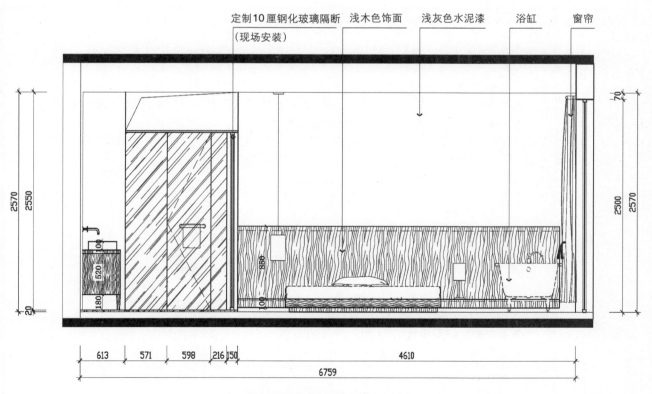

图 6-73　海景房 9 号房立面图

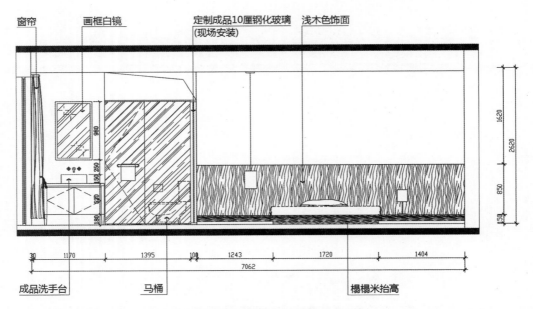

窗帘　　画框白镜　　　　　定制成品10厘钢化玻璃　　浅木色饰面
　　　　　　　　　　　　　(现场安装)

成品洗手台　　　　　马桶　　　　　　　　　　　　榻榻米抬高

⬆ 图 6-74　海景房 14 号房立面图

实训　民宿方案设计

民宿方案设计如表 6-1 所示。

表 6-1　民宿方案设计

类　别	说　明
项目设计要求	① 考察并收集民宿设计案例； ② 拟定一个二层或者三层空间面积约 1000m² 以上的民宿 CAD 平面图； ③ 分析户型结构、环境因素、人文特色； ④ 界面处理形式：吊顶、墙面及地面应用装饰装修材料的设计，空间主体色调、主体风格的定位； ⑤ 总体设计温馨舒适，突出文化与地域性，基础设施完备
设计内容	① 功能分区图； ② 色彩分析图； ③ 材料分析图； ④ 平面布局图； ⑤ 吊顶设计图； ⑥ 地面铺装图； ⑦ 立面设计图； ⑧ 空间效果图
设计要求	① 满足民宿空间的功能，布局合理； ② 制图符合 CAD 设计规范； ③ 色彩、材料、灯光设计合理
作品形式	① 用 PPT 完成项目设计构思内容； ② 用 CAD 结合三维软件制作完成设计图纸内容； ③ 用 A2 规格展板排版设计说明及重点图纸内容

第七章
室内设计流程与界面装饰装修构造

核心内容：本章主要介绍项目设计工作流程，分别对室内装饰与装修构造涉及的吊顶、墙面、地面的施工工艺做图例的分析。

学习目的：通过图表及施工图例的介绍，使学生能够了解室内设计流程，理解室内设计的步骤及方法、装修工艺、材料及细部做法，并能应用于项目方案设计的实践中。

第一节　项目设计工作流程与基本要求

一个完整的室内设计通常分为六大阶段，即设计准备、方案构思、方案设计、图纸制作、施工阶段、竣工阶段。

一、设计准备

设计准备的步骤如下。

（1）接受业主委托任务书，或根据标书要求参加投标。

（2）明确设计任务，制订相关的设计进度，熟悉相关规范与定额标准、收费标准。

（3）现场勘察收集资料，与甲方沟通，对设计对象进行现场勘察，了解自然环境、建筑构造、空间形态、功能要求、设计规模、等级标准、文化氛围和各个空间的衔接关系等内容，并做详实调研。

① 记录下各窗户的外部环境，便于划分内部空间时考虑朝向、光照、通风和景观等因素；

② 测量项目设计需要的场地户型尺寸并进行详细记录；

③ 仔细考察建筑结构，包含墙体承重结构、柱体、梁等结构的连接方式；

④ 检查地板和吊顶是否有裂缝或漏水，窗户的接合处是否紧密，窗户的开关是否顺畅等建筑质量方面的问题。如有问题，应记录好，提前告知甲方，商讨解决方法；

⑤ 检查排水、电气设备、通风空调系统、通信网络系统、消防系统等。

（4）考虑各工种的配合，与业主沟通，签订相关合同。

二、方案构思

（1）①室内空间布局设计；②装饰材料应用搭配；③室内空间色彩设计；④家具与陈设的搭配。

（2）①电、水、气、暖等设施；②消防情况、建筑走向及建筑结构关系；③综合分析建筑内部情况，建筑周围的配套设施情况与位置。

（3）①设计风格与理念定位；②综合信息，集体讨论；③与甲方进行初步交流。

三、方案设计

（1）总体布局设计，确定室内动线，调整尺度和比例关系，按照空间总体构思，形成新的空间形态。

（2）结合水、电、通风、消防等管线设施的现状，对各个界面的造型、色彩、材质、图案、肌理、构造等方面进行整体考虑。

（3）定位家具、照明、景物、设施、设备、艺术品的布局，按照它们的造型、质地、色彩和工艺进行具体安排，需要突出空间的功能、格调、效能和艺术质量。

（4）在对方案进行全盘考虑后，将设计方案以草图的形式进行展现，以便于设计成员相互沟通。方案草图可以用功能分区图表现空间类型划分；用活动流线图表现空间组合方式；用透视图表现空间形态，并做好色彩配置方案。

四、图纸制作

（1）CAD设计图纸：包括以下方面。

① 原始结构图：依据实地测量的户型绘制准确的数据，包括梁、柱、水管、窗户、地漏等处的位置体现。

② 拆墙图：拆去非承重墙体的方案表现。

③ 新砌墙：用于室内分隔空间、隔断处理的方案表现。

④ 平面设计图：反映整体户型的空间功能区域、交通流线、家具摆设，其作用是表示室内空间平面形状和大小，以及各个房间在水平面的相对位置，表明室内设施、家具配置和室内交通路线。平面图控制了纵横两轴的尺寸数据，是设计制图的基础，更是室内装饰组织施工及编制预算的重要依据。

⑤ 家具尺寸定位图：图纸表现家具具体摆放的精确位置。

⑥ 地面铺装图：图纸需要标注地面材质的尺寸、名称、标高、色彩、品牌等信息。

⑦ 吊顶设计图：图纸需要标注标高、顶面造型、材质名称、灯具位置、消防、空调设备、详图索引符号的注释等。

⑧ 开关线路图：在吊顶设计图的基础上进行开关与灯具的连接绘制，图纸可以很明确地表现开关控制的室内采光，在这类设计中需要按照人的行为方式及人体工程学数据来准确定位，应标注安装的具体位置及高度。

⑨ 插座布置图：需要了解每个电器使用的不同插座及安装的位置，依据墙体定位，标出尺寸。

⑩ 强弱电图：依据不同电器的使用功能需求，在平面图纸中标识。

⑪ 给排水图：需标注冷热水管安装的线路位置，水管的布局应用粗线绘制，不同的下水管径应有说明。

⑫ 立面索引图：在平面中反应立面所处的位置。

⑬ 立面图或剖立面图：绘制出墙面衔接地面及吊顶的结构关系，包括各个房间重要的垂直面的造型，用文字标注所应用的材质、色彩及质感。立面通常会应用到对称、重复、构成、韵律等造型设计。

⑭ 大样图：指针对某一特定区域进行特殊性放大标注，要较详细地表示出材质及构造。

⑮ 节点详图：需要表达出施工工艺的构造做法、尺寸、结构配件，相互关系与建筑材料。

（2）装饰材料实样图：图文并茂，需标注每种装修材料的品牌、价位、尺寸等详细信息。

（3）家具陈设配置图：依据项目设计风格将各个空间的家具陈设进行软装搭配。

（4）效果图：选择3ds Max、酷家乐、草图大师、Photoshop等软件进行制作。

（5）设计说明：将项目地理位置、项目背景、面积、户型设计构思、设计风格定位、设计图纸等进行详细的介绍说明。

（6）施工说明：涉及强弱电施工、水管道施工、砌墙粉刷、地面防水层、铺装、吊顶、木作及油漆施工等内容。

（7）项目预算：包含建材费用、硬装施工装修、软装预算、施工人员费用等。

五、施工阶段

施工阶段的具体步骤如下。

（1）设计实施阶段就是指工程项目的施工阶段，在此阶段中，如施工现场出现不可预见的问题，设计师需要做设计变更或补充，随时检查图纸实施情况，沟通各个环节。工程完成以后，配合质检部门和建筑单位依据图纸进行工程验收。

（2）主体拆改：在装修施工中，主体拆改是最先做的一项，主要包括拆墙、砌墙、铲墙皮、换塑钢窗等。主体拆改主要是把空间清理出来，给接下来的改造留出足够的便利空间。

（3）水电改造：水电属于隐蔽工程，责任重大，所以施工过程中需要在材料、施工工艺、质量上严格把关，需要定位开槽，管线安装，完备布线。

（4）瓦泥工：主要负责改动门窗的位置、厨房和卫生间的防水处理，以及包下水管道。

（5）木工：主要负责室内家具的现场制作，同时还涉及吊顶、隔墙、门窗套、界面木作基础工程、木制踢脚线的制作等。

（6）瓦工：瓦工与木工可同时进行施工。瓦工施工过程包括找平、弹线、试铺、浸水、混浆、涂浆、铺贴、修整。

（7）油工：主要负责完成墙面基层处理，刷面漆，给家具上漆等工作。

（8）吊顶工程：公共空间吊顶材料较为丰富，通常会用到 PVC 塑料扣板、铝塑板、铝扣板、硅酸钙板、石膏板吊顶、木制吊顶等。

（9）其他：开关插座、灯具安装、五金构建及其他室内装饰陈设的布置。

六、竣工阶段

竣工阶段的步骤如下。

（1）竣工验收指建设工程项目竣工后，由建设单位同设计、施工、设备供应单位及工程质量监督等部门，对该项目是否符合规划设计要求，以及建筑施工和设备安装质量进行全面检验后，取得竣工合格资料、数据和凭证的过程。竣工验收是全面考核建设工作，检查是否符合设计要求和工程质量的重要环节。

工程验收包含的内容有饰面板工程、涂料工程、裱糊工程、吊顶工程、门窗工程、细木制作工程、地板工程、电气工程、软包工程、卫生器具及管道安装、燃气用具、空调工程、消防工程、空间改造工程等。这些验收项目均达到国家标准后，就可以交付客户使用了。

（2）设备完善：家具进场，电器进场，陈设摆设，后期调整，卫生清洁。

第二节　室内界面装饰装修构造

一、吊顶装饰装修构造

吊顶又称天花板，是室内空间的顶界面，具有保温、隔热、隔声、吸声的作用，也是电气、通风、空调、通信、防火、报警管线设备等工程的隐蔽层。在选择吊顶装饰材料与设计方案时，要遵循省材、牢固、安全、美观、实用的原则。吊顶按装饰装修面与基层的关系分为直接式吊顶和悬吊式吊顶。

1. 直接式吊顶的基本构造

直接式吊顶是在屋面板或楼板底面上直接进行装饰装修加工，构造形式简单，饰面厚度小，因而室内高度可以得到充分的利用。同时，因其材料用量少，施工方便，故工程造价较低。但这类吊顶的造型简单且没有提供隐藏管线等设备、设施，会影响美观。常见的直接式吊顶面层有面浆饰面、涂料饰面、壁纸饰面、装饰面板饰面等。

2. 悬吊式吊顶的基本构造

悬吊式吊顶一般由预埋件及吊筋、基层、面层三个基本部分构成，可依据高度设置隐藏管线等设备、设施。常见的面层材料有石膏板、硅酸钙板、矿棉吸音板、铝扣板、金属格栅、金属条板、透光板、分格木镶板等（图 7-1 ～图 7-11，图中单位为毫米）。

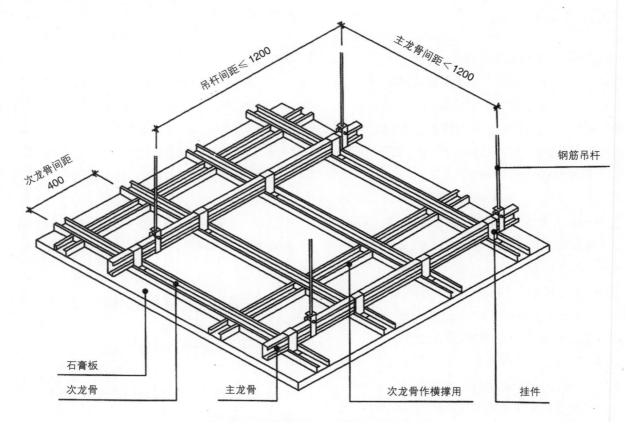

图 7-1 石膏板吊顶（轻钢龙骨）构造

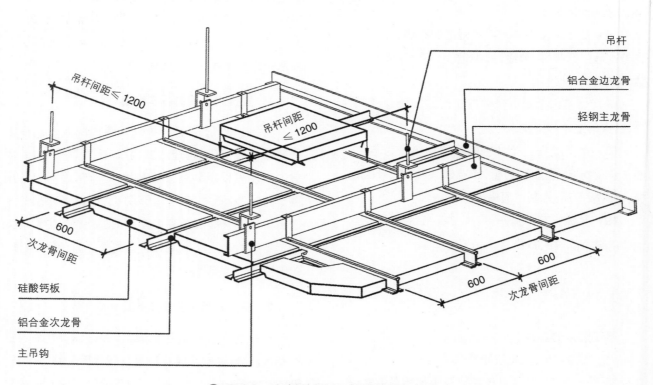

图 7-2 硅酸钙板吊顶（轻钢龙骨）构造

图 7-3 硅酸钙板吊顶（轻钢龙骨）构造实例图

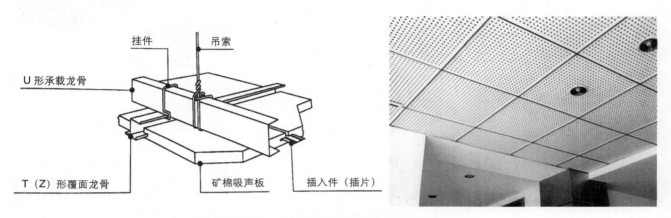

图 7-4 矿棉吸音板暗架嵌装构造与实例图

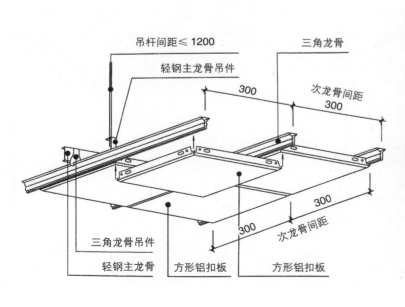

图 7-5 铝扣板吊顶构造与实例图

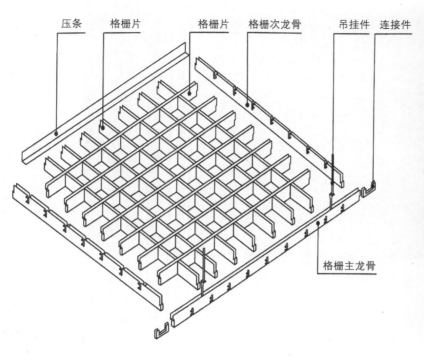

图 7-6　金属格栅式吊顶构造与实例图

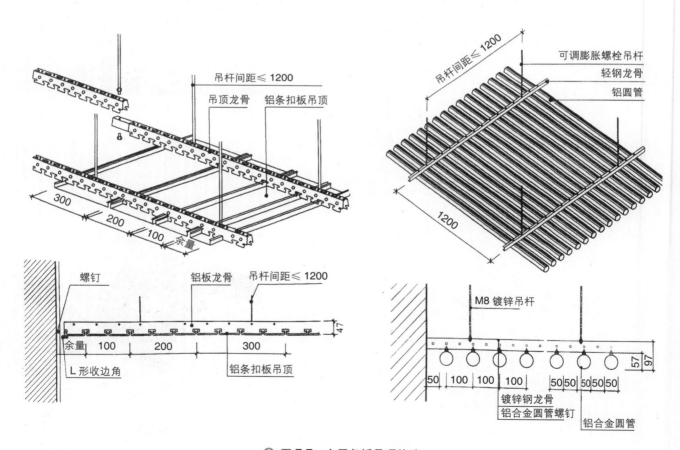

图 7-7　金属条板吊顶构造

✿ 图 7-8 金属条板吊顶构造实例图

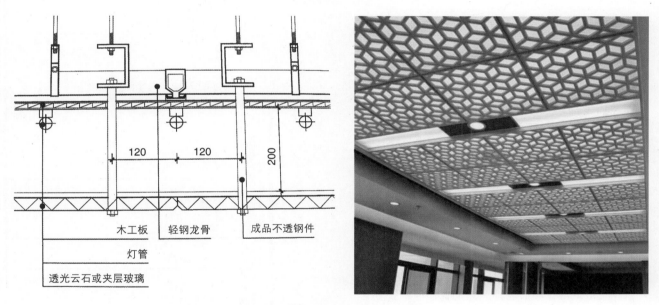

木工板　轻钢龙骨　成品不透钢件

灯管

透光云石或夹层玻璃

✿ 图 7-9 透光板吊顶构造与实例图

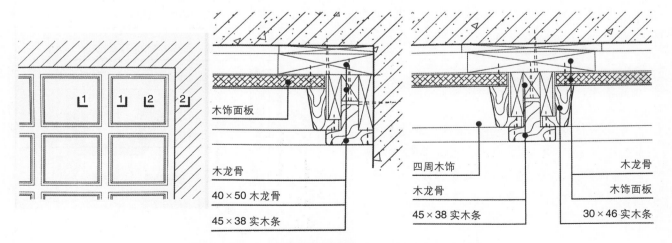

木饰面板

木龙骨

40×50 木龙骨

45×38 实木条

四周木饰

木龙骨

45×38 实木条

木龙骨

木饰面板

30×46 实木条

✿ 图 7-10 分格木镶板吊顶构造 1—1 剖面、2—2 剖面

⊕ 图 7-11　分格木镶板吊顶构造实例图

二、墙面装饰装修构造

　　室内墙面装饰装修因饰面材料和做法不同，可分为抹灰类、贴面类、涂料类和裱糊类等，要求有一定的强度、耐水性及耐火性。墙面装饰装修的基本构造包括底层、中间层、面层三部分。底层要求对墙体表面做抹灰处理，将墙面找平并保证与面层连接牢固。中间层是底层与面层连接的中介，经过适当处理可防潮、防腐、保温隔热。面层是墙体的装饰层，常用的材料有涂料、壁纸、硬包、软包、装饰板材、瓷砖、石材、玻璃等。墙面装饰装修的作用有保护墙体，改善墙体的使用功能，凸显建筑的艺术效果，美化环境作用（见图 7-12 ～图 7-21，图中单位为毫米，"厚"代表毫米）。

三、地面装饰装修构造

　　地面装修材料主要有木地板类：实木地板、强化复合地板、软木地板、竹木地板；瓷砖类：釉面砖、通体砖、抛光砖、玻化砖、陶瓷锦砖、全抛釉；石材类：花岗岩、大理石、人造石等（图 7-22 ～图 7-25）。

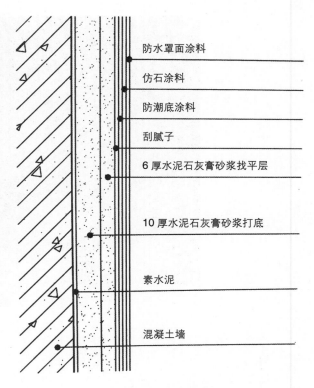

防水罩面涂料
仿石涂料
防潮底涂料
刮腻子
6 厚水泥石灰膏砂浆找平层
10 厚水泥石灰膏砂浆打底
素水泥
混凝土墙

⊕ 图 7-12　内墙涂料饰面

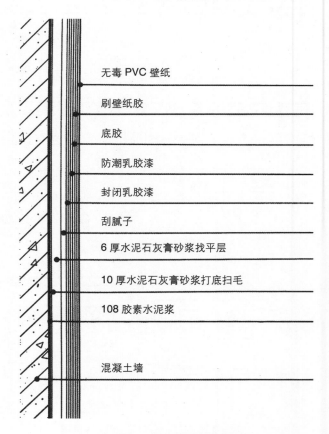

无毒 PVC 壁纸
刷壁纸胶
底胶
防潮乳胶漆
封闭乳胶漆
刮腻子
6 厚水泥石灰膏砂浆找平层
10 厚水泥石灰膏砂浆打底扫毛
108 胶素水泥浆
混凝土墙

⊕ 图 7-13　混泥土墙基层贴壁纸

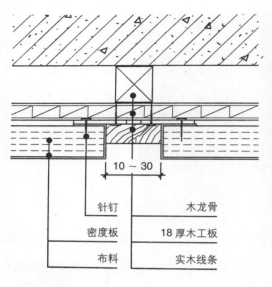

针钉	木龙骨
密度板	18 厚木工板
布料	实木线条

✪ 图 7-14　硬包墙面构造与实例图

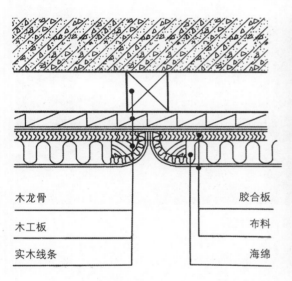

木龙骨	胶合板
木工板	布料
实木线条	海绵

✪ 图 7-15　软包墙面构造与实例图

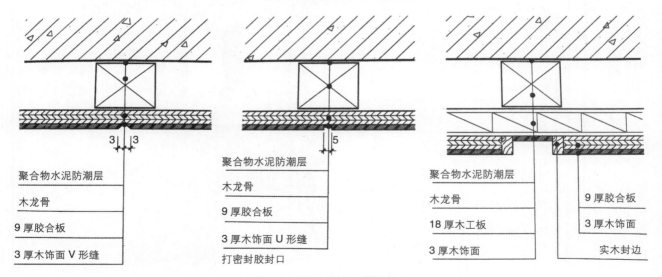

聚合物水泥防潮层
木龙骨
9 厚胶合板
3 厚木饰面 V 形缝

聚合物水泥防潮层
木龙骨
9 厚胶合板
3 厚木饰面 U 形缝
打密封胶封口

聚合物水泥防潮层
木龙骨
18 厚木工板
3 厚木饰面
9 厚胶合板
3 厚木饰面
实木封边

✪ 图 7-16　木饰面拼接方式

⬆ 图 7-17　木饰面装修实例图

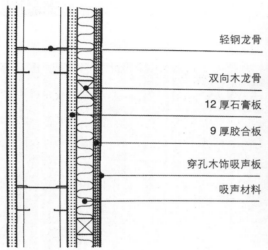

轻钢龙骨

双向木龙骨

12 厚石膏板

9 厚胶合板

穿孔木饰吸声板

吸声材料

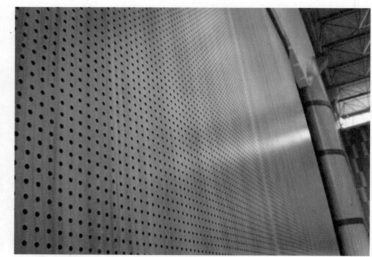

⬆ 图 7-18　穿孔木饰吸声板构造与实例图

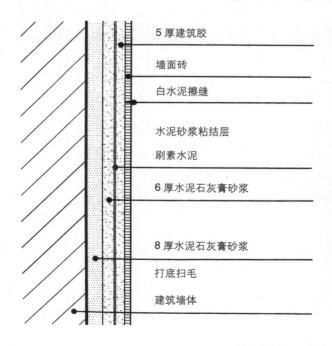

5 厚建筑胶

墙面砖

白水泥擦缝

水泥砂浆粘结层

刷素水泥

6 厚水泥石灰膏砂浆

8 厚水泥石灰膏砂浆

打底扫毛

建筑墙体

⬆ 图 7-19　瓷砖内墙面构造与实例图

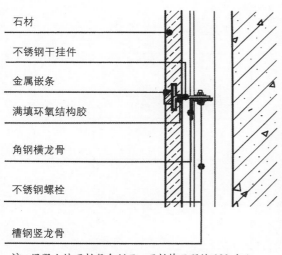

石材

不锈钢干挂件

金属嵌条

满填环氧结构胶

角钢横龙骨

不锈钢螺栓

槽钢竖龙骨

注：混凝土墙石材竖向剖面；石材饰面距墙100左右。

✤ 图 7-20　石材饰面干挂构造与实例图

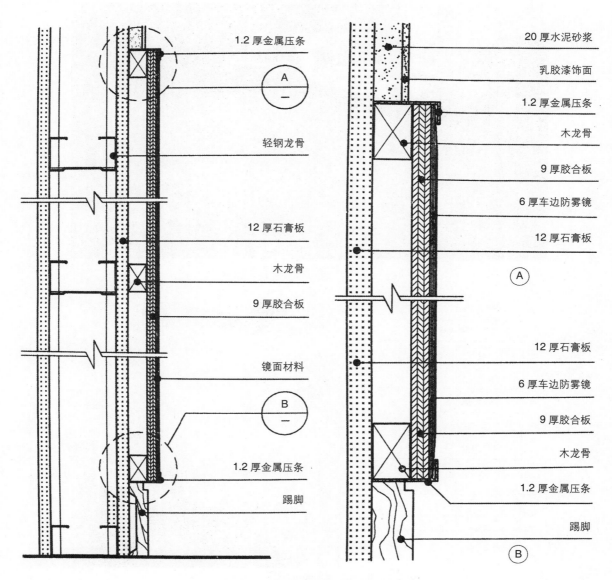

1.2 厚金属压条

A
—

轻钢龙骨

12 厚石膏板

木龙骨

9 厚胶合板

镜面材料

B
—

1.2 厚金属压条

踢脚

20 厚水泥砂浆

乳胶漆饰面

1.2 厚金属压条

木龙骨

9 厚胶合板

6 厚车边防雾镜

12 厚石膏板

A

12 厚石膏板

6 厚车边防雾镜

9 厚胶合板

木龙骨

1.2 厚金属压条

踢脚

B

✤ 图 7-21　玻璃饰面剖立面与节点详图

8 ~ 12 厚强化复合地板

3 厚专用防潮垫层

混凝土找平层

槽榫缝满涂胶粘剂

打磨,油漆

硬木拼花地板

或软木地板

胶粘剂

20 厚水泥砂浆找平层

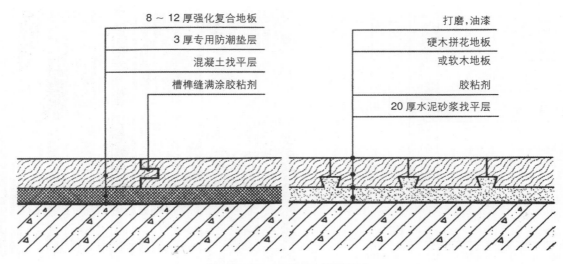

图 7-22　实铺式木地板构造

图 7-23　实铺式木地板实例图

5 厚陶瓷锦砖,干水泥擦缝

30 厚干硬性水泥砂浆

结合层表面撒水泥粉

1.5 厚聚氨酯防水层

水泥砂浆抹平

水泥浆（内掺建筑胶）

现浇钢筋混凝土楼板

65

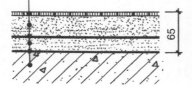

图 7-24　陶瓷锦砖构造与实例图

20 厚磨光石材板,水泥浆擦缝

30 厚干硬性水泥砂浆

结合层表面撒水泥粉

1.5 厚聚氨酯防水层

水泥砂浆抹平

水泥浆（内掺建筑胶）

现浇钢筋混凝土楼板

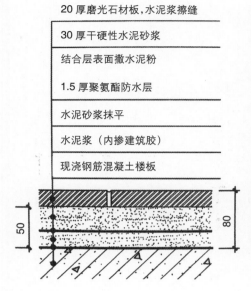

✿ 图 7-25　石材面层构造与实例图

参 考 文 献

[1] 汤重熹,卢小根,吴宗敏.室内设计[M].3版.北京:高等教育出版社,2014.

[2] 孔小丹,等.室内设计项目化教程[M].北京:高等教育出版社,2019.

[3] 曹干,邱锐.室内设计策划[M].北京:高等教育出版社,2015.

[4] 侯林,侯一然.室内公共空间设计[M].3版.北京:中国水利水电出版社,2018.

[5] 李茂虎.公共室内空间设计[M].上海:上海交通大学出版社,2017.

[6] 杨清平,李柏山.公共空间设计[M].3版.北京:北京大学出版社,2019.

[7] 高钰.室内设计全过程案例教程[M].北京:外语教学与研究出版社,2012.

[8] 高祥生.室内装饰装修构造图集[M].北京:中国建筑工业出版社,2014.

[9] 康海飞.室内设计资料图集[M].北京:中国建筑工业出版社,2013.

[10] 朱永杰,孙铁汉.公共空间设计[M].武汉:华中科技大学出版社,2019.

[11] 刘洪波,文建平.公共空间设计[M].2版.长沙:湖南大学出版社,2019.

[12] 杨茂川,何隽.人文关怀视野下的城市公共空间设计[M].北京:科学出版社,2018.

[13] 荣梅娟,孟翔.建筑公共空间装饰设计[M].西安:西安电子科技大学出版社,2016.

[14] 董君.公共空间室内设计工程档案[M].北京:中国林业出版社,2017.

[15] 赵胜华.公共空间室内设计表现档案系列[M].北京:中国林业出版社,2016.

[16] 尹婧,黄文泓,安勇.室内公共空间设计[M].2版.长沙:中南大学出版社,2018.

[17] 刘佳,周旭婷,王丽.公共空间设计[M].成都:西南交通大学出版社,2016.

[18] 张柳,张晶,张玲.公共空间设计[M].合肥:合肥工业大学出版社,2017.

[19] 徐珀壦.共享办公空间设计[M].贺艳飞,译.桂林:广西师范大学出版社,2018.

[20] 芦原义信.外部空间设计[M].尹培桐,译.南京:江苏凤凰科学技术出版社,2019.

[21] 王远坤,蔡文明,刘雪.酒店设计[M].武汉:华中科技大学出版社,2019.

[22] 谢海涛.公共空间名家设计案例精选[M].北京:中国林业出版社,2016.

[23] 莫钧.公共空间设计与实训[M].武汉:武汉大学出版社,2016.

[24] 邓宏.办公空间设计教程[M].重庆:西南大学出版社,2018.

[25] 张洪双,肖勇,傅祎.公共空间室内设计[M].北京:北京理工大学出版社,2019.